JN303240

道具としての
ベイズ統計

涌井 良幸
Wakui Yoshiyuki

日本実業出版社

はじめに

　この10年、ベイズ理論は幅広い分野で活用されるようになりました。たとえば、ホームページの検索で有名なグーグルでは、効率のよい検索論理としてベイズ理論を利用しています。また、電子メールの送受信ソフトにおいて、迷惑メールの振り分けに、この考え方が活かされています。

　このように盛んに利用されるようになったベイズ理論ですが、現在日本で出版されている解説書の多くは、残念ながら難解です。統計学の専門家が読者対象であったり、特定分野に読者対象が絞られていたりします。ベイズ理論の入門者に親切とは、とても思えません。日本においては、いまだベイズ理論が狭い分野でしか活用されていないことの証でしょう。

　さて、統計学は実学です。ベイズ統計も例外ではありません。幅広く利用されてこそ、その真価が発揮されるのです。一部の専門家だけの道具として用いられていたのでは、もったいない話なのです。さまざまな分野で、多くの人々に利用されることが望まれます。

　本書はベイズ理論、およびそれが発展したベイズ統計学について、その基礎をわかりやすく解説した入門書です。統計の知識をほとんど持っていなくても理解できるように、図を多用し具体例を用いて解説しました。また、多くのベイズ統計の解説書が省略している計算の途中式も、できるだけ省くことなく記載しました。

　さらに、Excelを用いて具体例の処理の仕方を説明しています。ほとんどの解説書が専門の統計処理ソフトを利用し、計算部分を明示していませんが、本書は汎用ソフトのExcelで実行例を明らかにしました。これによって、ベイズ

統計の計算部分がブラックボックスではなくなり、そのエッセンスが明確に伝わるはずです。

　ベイズ統計は統計学の主流として、今後、日本でも活躍の場をますます広げるでしょう。本書がベイズ理論とベイズ統計の普及に少しでも役立つなら、著者としてこれ以上の喜びはありません。

　2009年秋

著者

利用上の注意

- 本書に掲載したマイクロソフトExcelのバージョンはExcel2007です。
- 「わかりやすさ」を優先しているので、厳密な言葉の使い方よりも、直感的で日常的な表現を多用しています。厳密さに欠けると思われた際には、ご容赦ください。
- 掲載したExcelの計算式は「わかりやすさ」を優先しています。計算速度やメモリーの節約などは考えていません。
- 表記上、小数の最後の位で、計算結果が一致しないことがあります。
- 記号≒は「約」の意味です。たとえば $\frac{35}{12} ≒ 2.9$ とは「$\frac{35}{12}$ が約2.9となる」という意味です。
- 記号∝は「比例する」の意味です。すなわち、

    $$y \propto x$$

    とは変数 y が変数 x に比例することを意味します。すなわち、k を定数とすると、次のように表わされることを意味します。

    $$y = kx$$

道具としてのベイズ統計　◆目次◆

序章　GoogleもMSもベイズ統計！

1. 21世紀はベイズの世紀！ …………………………………………008
2. ベイズ理論とはどんな考え方なの？ …………………………011
3. 従来の統計学とベイズ統計の考え方の違い …………………014
4. ベイズ統計学とMCMC法 ………………………………………018

1章　ベイズ統計の準備をしよう

1. 条件付き確率と乗法定理 ………………………………………022
2. 確率変数と確率分布 ……………………………………………027
3. 有名な確率分布 …………………………………………………030
4. 尤度関数と最尤推定法 …………………………………………038

2章　ベイズの定理とその応用

1. ベイズの定理とは ………………………………………………042
2. ベイズの定理を変形させる ……………………………………048
3. 壺の問題を考える ………………………………………………051
4. 大学の入試問題からベイズ統計にチャレンジ ………………054
5. 囚人Aの助かる確率は上がる？ ………………………………059
6. ベイズフィルターで迷惑メールをシャットアウト！ ………063
7. ベイジアンネットワークの効用とは？ ………………………067

3 章　ベイズ統計学の基本

1. ベイズ統計はシンプルな最強ツール …………………………………076
2. これがベイズ統計の基本公式 …………………………………………083
3. コインの問題を考える …………………………………………………090
4. 薬の効用問題とは？ ……………………………………………………096

4 章　ベイズ統計学の応用

1. ベイズ統計と自然な共役分布 …………………………………………102
2. 尤度が二項分布に従うとき ……………………………………………105
3. 尤度が正規分布に従うとき(part1) ……………………………………111
4. 尤度が正規分布に従うとき(part2) ……………………………………115
5. 尤度がポアソン分布に従うとき ………………………………………123
6. ベイズファクターを使った統計モデルの評価法
 ……………………………………………………………………………126
7. ベイズ推定と伝統的な統計的推定 ……………………………………130
8. ベイズ統計と最尤推定法の関係 ………………………………………135

5 章　MCMC法で解くベイズ統計

1. MCMC法とは？ …………………………………………………140
2. ギブス法のしくみ …………………………………………………145
3. ギブス法の具体例を見てみよう …………………………………150
4. ギブス法とExcel …………………………………………………156
5. メトロポリス法のしくみ …………………………………………160
6. メトロポリス法の具体例を見てみよう …………………………164
7. Excelでメトロポリス法 …………………………………………170

6 章　階層ベイズ法もExcelで

1. 複雑な統計モデルに対応する階層ベイズ法 ……………………178
2. 伝統的な最尤推定法で解いてみると ……………………………182
3. 階層ベイズ法でモデリング ………………………………………186
4. 階層ベイズモデルを経験ベイズ法で解いてみよう ……………192
5. 経験ベイズ法のためのExcelシート解説 ………………………197
6. 階層ベイズモデルをMCMC法で解いてみよう …………………201
7. MCMC法のためのExcelシート解説 ……………………………205

付　録

付録A.　統計分布のためのExcel関数一覧……………………………212

付録B.　正規分布の自然な共役分布は正規分布である証明（分散既知）
　　　　……………………………………………………………………213

付録C.　正規分布の自然な共役分布は逆ガンマ分布である証明（分散未知）……………………………………………………………216

付録D.　ポアソン分布の自然な共役分布はガンマ分布である証明
　　　　……………………………………………………………………220

付録E.　Excelによる擬似乱数の発生法………………………………222

付録F.　Excelによる積分計算…………………………………………226

付録G.　モンテカルロ法による積分の一般公式………………………227

付録H.　マルコフ連鎖とMCMC法の一般論…………………………231

さくいん……………………………………236
ブックガイド………………………………238

・Excel（エクセル）はマイクロソフト社の登録商標です。
・Outlook（アウトルック）はマイクロソフト社の登録商標です。
・その他、本書に記載の商品名や会社名は、一般的に各社の商標または登録商標です。
・本書では、©®™などのマークは省略しています。

カバーデザイン◎達デザイン事務所
組版・図版◎あおく企画

$$P(A|B) = \frac{P(B|A)P(A)}{P(B)}$$

$$P(A|B) = \frac{P(B|A)P(A)}{P(B)}$$

$$P(A|B) = \frac{P(B|A)P(A)}{P(B)}$$

$$P(A|B) = \frac{P(B|A)P(A)}{P(B)}$$

序章

GoogleもMSもベイズ統計！

本章では、「ベイズ統計」とはどんな統計学なのかを調べてみましょう。読み物風に読んでもらえればOKです。「なぜ」「どうして」については、後の章で考えることにします。

序章

1 21世紀はベイズの世紀!

　21世紀の幕開けとなる2001年、マイクロソフト社の会長ビル・ゲイツ氏は「21世紀のマイクロソフトの基本戦略はベイズテクノロジーである」と明言しました。実際、マイクロソフト社の研究センターには、世界屈指のベイズ統計の専門家が集められ、研究が進められています。

　ゲイツ氏の言葉通り、現在コンピュータのさまざまな分野で、ベイズテクノロジーが利用されています。たとえば、インターネットの迷惑メール（スパムメール）の排除や、パソコン利用の際の適切なヘルプ情報の提供などに、その研究成果が活かされているのです。

　また、ベイズテクノロジーの応用はコンピュータの分野に限りません。心理学や金融工学など、さまざまな分野で活用されはじめています。

ベイズテクノロジーのさまざまな応用分野

ベイジアンネットワーク／ベイズ統計／ベイズフィルター／人工知能／金融工学

ベイズの定理

　では、そもそもゲイツ氏が言った「ベイズテクノロジー」とは何でしょうか。それは**ベイズの定理**と呼ばれる、きわめてシンプルな定理に基づいた確率統計理論をベースにした技術です。あえて「定理」と呼ぶ必要もないほどシンプルな定理ですが、発想の転換で猫が虎に変身するのです。

なお、「ベイズ」とは、18世紀後半のスコットランドの長老派教会の牧師トーマス・ベイズの名前に由来しています。

「え、もう200年以上も前に発見された定理なの！」

と驚かれるかもしれませんが、実際そうなのです。200年以上も前に発見された定理が、21世紀のいまになって注目を集めているのです。

ちなみに、ベイズが所属した長老派教会とは、キリスト教プロテスタントの一派であるカルヴァン派を指します。その教会の牧師であるベイズは、アマチュア数学者でもありました。その彼が考案したものが「ベイズの定理」なのです。

「アマチュアの数学者が発見したのだ！」

しかし、そのアマチュアの数学者が発見した定理こそが、ゲイツ氏が引用し、本書のテーマにもなるベイズ理論の根幹になっているのです。

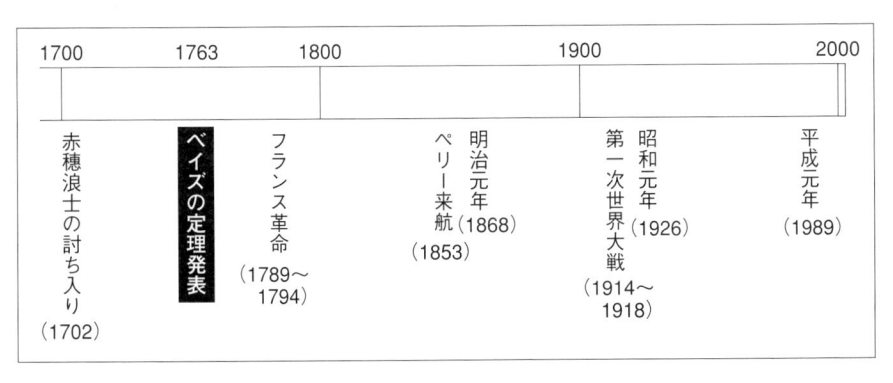

1700	1763	1800		1900		2000
赤穂浪士の討ち入り (1702)	ベイズの定理発表	フランス革命 (1789〜1794)	明治元年 ペリー来航 (1868) (1853)	昭和元年 (1926)	第一次世界大戦 (1914〜1918)	平成元年 (1989)

ところで、200年以上も前に発表された定理がなぜいまごろになって脚光を浴びるのか、と不思議に思われるでしょう。その理由はベイズ理論の持つ"あいまい性"にあります。

ベイズの定理を利用した統計学では**事前確率**という考え方を仮定して求めます。後で調べるベイズ統計の計算でわかるように、この「事前確率」を数学的に厳密に決定するのは、多くの場合困難です。数学なのに"あいまい"な理論の上に成り立っているのです。このため、ベイズ統計で扱う確率を**主観確率**と

呼ぶ場合がありますが、それはこの"あいまい"さにあり、それゆえに近代の統計学者の非難を浴びることになりました。

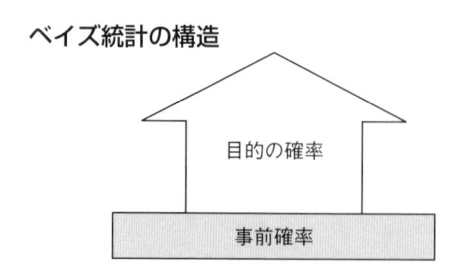

ベイズ統計の構造

目的の確率

事前確率

ベイズ統計は「事前確率」という土台をもとに成り立つが、フィッシャーやネイマンらの近代統計学者からの「事前確率をどうやって厳密に求められるか」という非難とともに抹殺された。

　実際、20世紀の近代統計理論の主流派から、「厳密ではない」としてベイズ統計は抹殺されてしまいました。近代統計学の基礎を築き上げた20世紀のイギリスの統計学者フィッシャー（1890〜1962年）やアメリカの統計学者ネイマン（1894〜1981年）たちにより、ベイズ統計は封印されてしまったのです。

　しかし、短所は長所に通じます。フィッシャーやネイマンらが非難した「厳密ではない」という非難が「柔軟性」という言葉に読み替えられるのです。すなわち、人間の経験則や感性を、「事前確率」というベイズの定理特有の考え方を介して統計学に取り込むことができるようになります。そして、この読み替えによって、ベイズの定理はITや金融工学、心理学、人工知能など、人間の介在するさまざまな分野で利用できることがわかってきました。

　ベイズ統計を主として利用する統計学者を**ベイジアン**（ベイズ論者）と呼びます。現在のアメリカでは、このベイジアンのほうが、フィッシャーやネイマンの唱える近代統計学の信奉者よりも多くなったとさえいわれています。ベイズの定理は、私たちが「統計」と呼んでいたものを根底から塗り替える"新しい統計学"であり、その提唱者の死後200年以上を経て、黄金期を迎えることになりました。

序章

2 ベイズ理論とはどんな考え方なの？

さて、ベイズ理論とはどんなものなのでしょうか。厳密なことは後に回すことにして、ここではイメージ的に理解することを目標にします。これから述べるA君の就職の採用合格の「確率の変化」が、まさにベイズ理論の考え方の流れになります。

いま、大学で就職活動期を迎えたA君は、周りの友人を見て就職を考えはじめました。まず、情報が何もないときの採用合格の確率は、きっと半々、すなわち $\frac{1}{2}$ でしょう。これを**事前確率**と呼びます（そんなにあいまいでいいの、と叱らないでください。ベイズ理論で扱う確率が**主観確率**と呼ばれるのは、このような意味です）。

何も情報がなければ、合格の確率は $\frac{1}{2}$ とする。

$\frac{1}{2}$
▼

A君は就職のための筆記の模擬試験を受けてみました。筆記に自信のあるA君は高得点を得ました。この「高得点を得た」という情報から、A君の採用合格の確率は高くなるはずです。試験を受ける前の採用合格の確率 $\frac{1}{2}$ に、筆記の模擬試験で「高得点を得た」という新たなデータが作用し、採用合格の確率が

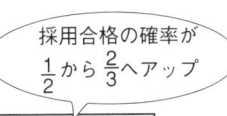

採用合格の確率が $\frac{1}{2}$ から $\frac{2}{3}$ へアップ

筆記模擬試験 高得点！

$\frac{2}{3}$
▼

最初の $\frac{1}{2}$ から $\frac{2}{3}$ にアップしました。

　今度は、面接の模擬試験を受けてみました。A君は面接が苦手で、案の定「ハキハキせず、積極性が足りない」という判定結果を得ました。現在のように面接が重んじられる就職試験では大きなダメージです。そこで、この新たなデータが作用して、採用合格の確率は前の $\frac{2}{3}$ から $\frac{2}{5}$ にダウンしました（このように、新たなデータを得るたびに確率が変化することを**ベイズ更新**といいます）。

採用合格の確率が $\frac{2}{3}$ から $\frac{2}{5}$ へダウン

面接模擬試験
悪い！

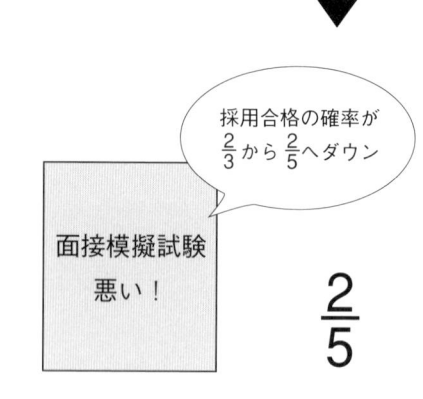

$\frac{2}{5}$

最初の確率 $\frac{1}{2}$ から新たなデータを得るたびに確率は $\frac{2}{3}$、$\frac{2}{5}$ と変化しました。この変化を「ベイズ更新」といいます。

　しかし、その晩、希望就職先で管理職をしているサークルの先輩から電話があり、「A君のことを人事担当者によく伝えておくよ」といわれました。この新たな情報は、再び採用合格の確率を高めます。合格確率は前の $\frac{2}{5}$ から上がり、$\frac{3}{4}$ に更新されました。

A君のことを人事担当者によく伝えておくよ！

$\frac{3}{4}$

　以上のような確率の変化の流れが、ベイズ理論による確率統計の計算の流れになります（$\frac{1}{2}$ や $\frac{2}{3}$ などの数値は、もちろんテキトーな値です）。

　ここでは、ベイズ理論の確率計算の流れが、普段の私たちの心の動きに一致したものになっていることを実感してもらいたいのです。すでに持っている確率情報に、入手したデータの情報を加味し、新たな確率情報を算出する、というアルゴリズムは、日頃から我々が行なっている考え方や方法に一致しているでしょう。この一致性こそが幅広い分野でベイズ統計が活用できる原理になっているのです。

（新たな確率）

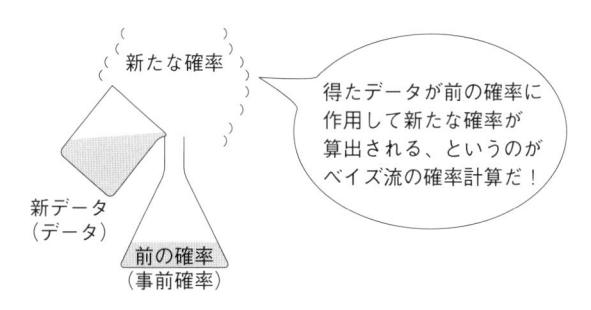

新データ
（データ）

前の確率
（事前確率）

得たデータが前の確率に作用して新たな確率が算出される、というのがベイズ流の確率計算だ！

　もう少し具体的な応用法を調べてみましょう。たとえば、1年前の資料があったとします。そこからいくつかの統計的な情報や経験を得ていたとしましょう。ここに新しい資料が入ってきました。そのとき、1年前の知識をどのように取り入れたらよいでしょうか？

　こんな問題を容易に解決してくれるのがベイズ理論です。いま調べたように、新たなデータを過去の確率に取り込み、確率を「更新」すればよいからです。過去のデータは更新された確率のなかに自然に活かされるのです。

旧

No	x	y
1	22	59
2	46	58
3	44	73
…	…	…
n	52	97

ベイズ統計が縁結び

新

No	x	y
1	56	26
2	53	10
3	28	53
…	…	…
n	5	25

経験をかんたんに現在のデータに取り込める！

　従来の統計学では、新しい資料と古い資料を統一的に扱うことがかんたんではありません。回帰分析や分散分析など、特別な統計手法が必要になります。しかし、ベイズ統計を利用すると、「事前確率」「事前分布」という形で過去の経験や知識が、現在の統計分析にかんたんに取り込めるのです。

3 従来の統計学とベイズ統計の考え方の違い

序章

　ベイズの定理を統計学に応用できるようにアレンジし、それを利用して資料分析を行なうのが**ベイズ統計学**（略してベイズ統計）です。では、現在多くの教科書に採用されている"従来の統計学"と、このベイズ統計学はどのように違うのか、考え方の違いは何なのでしょうか。

　いま日本人成人男子の平均身長を調べるために、男子5人をランダムに選び、その身長を測りました。ここまでは、よくあるケースです。

名前	身長（cm）
太郎	167
次郎	175
三郎	164
四郎	182
五郎	177
平均身長	173

　従来の統計学の教科書では、次のようにこのデータに対処します。

① 日本人成人男子に対して、唯一無二の「平均身長」を想定する。

② たまたま選び出した5人の身長データが上の表に与えられている、と考える。

③ 何回も5人をランダムに選び出せば、それから得られる②の5人の平均身長はいろいろと変化する。しかし、5人の平均身長の平均は①の唯一無二の「平均身長」に一致する。

従来の統計学の考え方

唯一無二の平均身長を持つ母集団から、たまたま太郎ら5人のサンプルが得られたと考える。

太郎　次郎
三郎　五郎
四郎
平均身長173cm

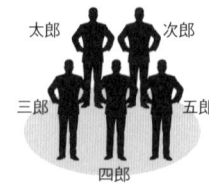

平均身長167cm

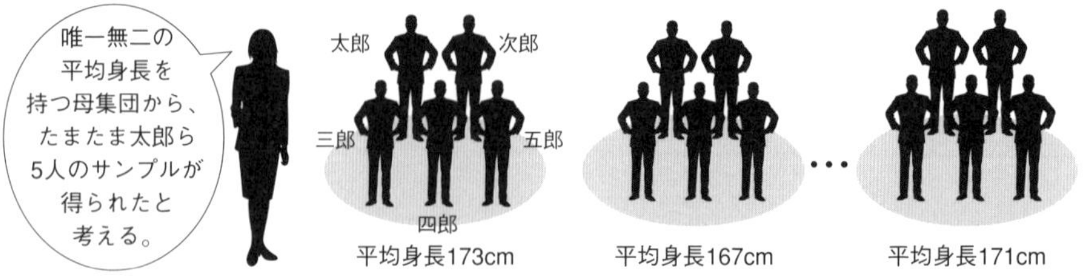

平均身長171cm

この考え方と確率論を組み合わせることで、平均身長の推定を行ないます。

この考え方では、5人の身長のデータは何回でも繰り返し得ることができることを仮定しています。そのため、このような考え方でデータへ対応する方法を**頻度主義**と呼ぶことがあります。

では、ベイズの定理を論拠にするベイズ論者（ベイジアン）はどのような考え方で、このデータに臨むのでしょうか。

① 日本人成人男子の唯一無二の「平均身長」は追求はしない。その代わり、その平均身長の確率分布を調べる。
② いま得られた資料を与えられた唯一のデータとして扱う。
③ ①と②から「平均身長」の確率分布を算出し、統計情報を引き出す。

名前	身長（cm）
太郎	167
次郎	175
三郎	164
四郎	182
五郎	177

→ 母集団の平均身長

現在多くの教科書に採用されている統計学に慣れ親しんでいる読者は、ベイズ統計学に当初は戸惑うかもしれません。従来の統計学を勉強した人であるほど、そうなるハズです。その理由はこのデータへの対処方法の違いでしょう。

	データ	母数（パラメータ）
ベイズ統計学	情報の源	確率変数であり、その分布を調べようとする
従来の統計学	確率変数	母集団固有の唯一値が存在すると仮定

この表で、**母数**とはデータが従う分布を決定する定数のことです。たとえば、正規分布と呼ばれる分布の場合では、平均値と分散が母数となります（母数を**パラメータ**と呼ぶこともあります）。

ちなみに、ベイズ統計と従来の統計学の位置づけについて調べてみましょう。

　現代の統計学の各分野は密接に絡み合い、それらを明確にきっちりと分類することは不可能です。しかし、あえてベイズ統計を現代の統計学のなかに位置づけるなら、次ページの図のように表わすことができるでしょう。

　現代の統計学は大きく記述統計学と数理統計学に分けられます。

　記述統計学は得られたデータを整理することに重点を置く分野です。データをかんたんな数値にまとめたり、グラフ化して、データを利用しやすくします。

　数理統計学は、数学という道具を用いてデータを分析し、そのデータの背後に潜む構造や本質を探ろうとする分野です。

　この数理統計学には大きく二つの流れがあります。一つは、データを標本と考え、その標本から母集団の特性値（すなわち母数）についての情報を推定しようとする**推測統計学**です。もう一つは、データの構造を解析し変数間の関係を調べようする**多変量解析**です。

　ベイズ統計は、この推測統計学の分野に位置すると考えられます。事後分布と呼ばれる確率分布を用いて、母数を推定したり統計量を決定したりします。

　当然、伝統的な統計学も、母数を推定したり統計量を決定したりする方法を提供します。ただ、後に示すように、その推定や決定の方法が違うのです。**ベイズ統計を利用すると、従来の統計学に比べてより人間の意思決定に近い形の推定や決定が可能**になります。

　さて、先に述べたように、現代の統計学の各分野は互いの長所を取り入れて組み合わされているため、明確に分類することが不可能になっています。たとえば、多変量解析の代表である回帰分析にもベイズ統計の考え方が取り入れられ、新たな分野が開拓されています。近い将来、図の分類を包括するような新たな統計手法が生まれるかもしれません。統計学はますますおもしろく、これからも目が離せない分野です。

統計学の全体像

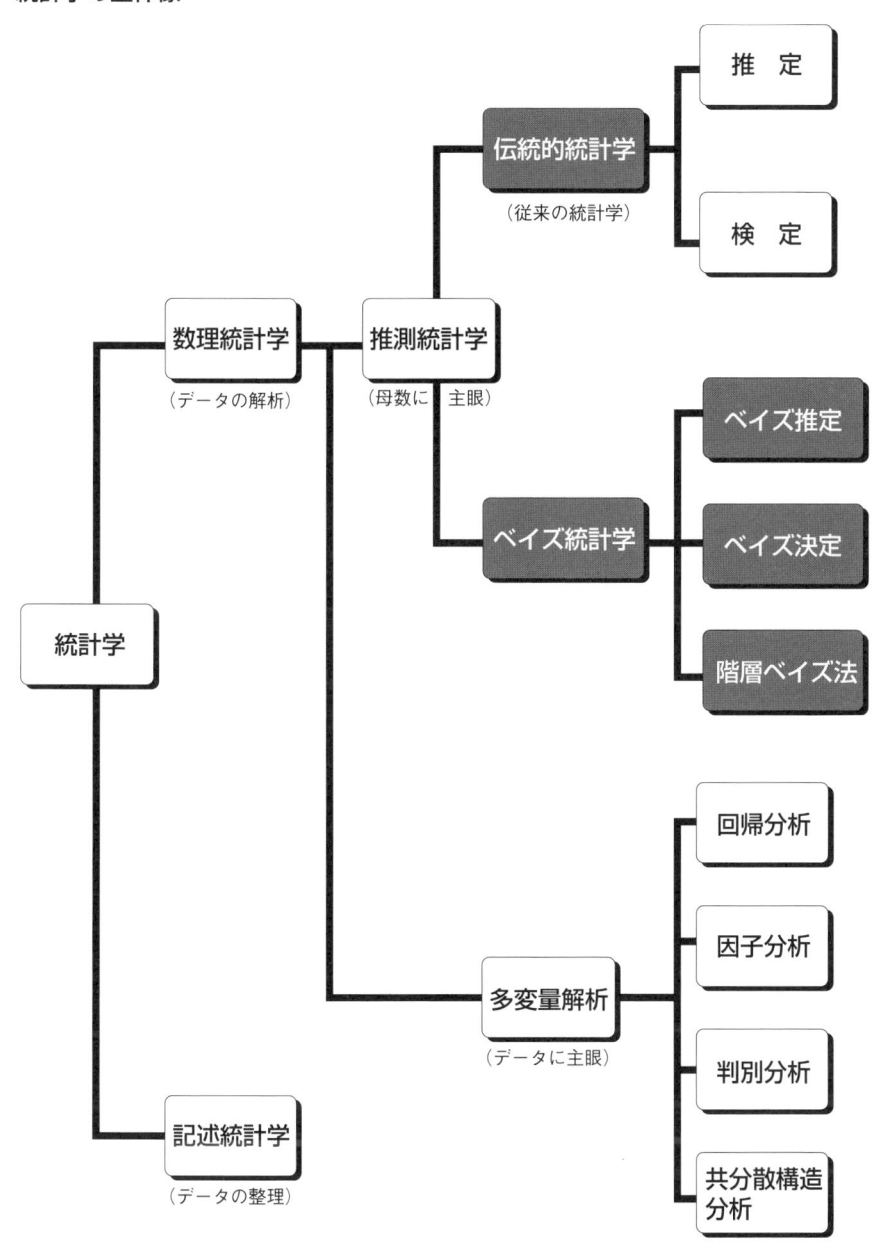

- 統計学
  - 数理統計学（データの解析）
    - 推測統計学（母数に主眼）
      - 伝統的統計学（従来の統計学）
        - 推定
        - 検定
      - ベイズ統計学
        - ベイズ推定
        - ベイズ決定
        - 階層ベイズ法
    - 多変量解析（データに主眼）
      - 回帰分析
      - 因子分析
      - 判別分析
      - 共分散構造分析
  - 記述統計学（データの整理）

序章

4 ベイズ統計学とMCMC法

　ベイズ統計は新たな発展を遂げています。マルコフ連鎖モンテカルロ法（MCMC法）と呼ばれるコンピュータ計算技法と出会い、複雑な統計モデルを容易に計算できるようになったからです。

　従来の統計学では、できるだけモデルをシンプルに、計算をできるだけかんたんにする努力をしてきました。たとえば、身長や体重の統計分布を調べるときには、**平均値**と**分散**という二つの母数（パラメータ）だけを仮定し、その二つだけで統計分布を代表させようと努めたのです。

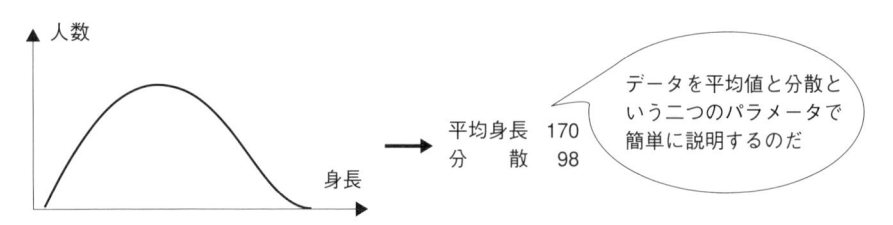

→ 平均身長　170
　分　散　　98

（データを平均値と分散という二つのパラメータで簡単に説明するのだ）

　しかし、資料を構成する一つひとつの個体の値はさまざまな要因で決定されているはずです。都合よく、たった二つのパラメータだけでデータ個々の個性を説明できるはずがありません。

　ここに新たな発展がありました。ベイズ統計とMCMC法を組み合わせると、資料を構成する各個体の個性までも分析できることがわかってきたのです。この技法が**階層ベイズ法**と呼ばれるものです。

No	x	y
1	22	59
2	6	58
3	44	73
…	…	…
n	52	97

（ベイズ統計を利用すると資料を構成する個体の個性まで見えるのだ！）

階層ベイズ法は、資料を構成する一つひとつのデータに個性を持たせます。そして、個々の個性は「ある分布」に従うと考えます。ここで、ベイズ理論を用いるのです。個性の分布と資料の分布をベイズ理論で融合し、新たな分布を作成します。この新たな分布を利用してさまざまな統計量を算出する、というのが階層ベイズ法なのです。従来の統計学では考えられないダイナミックな計算技法です。

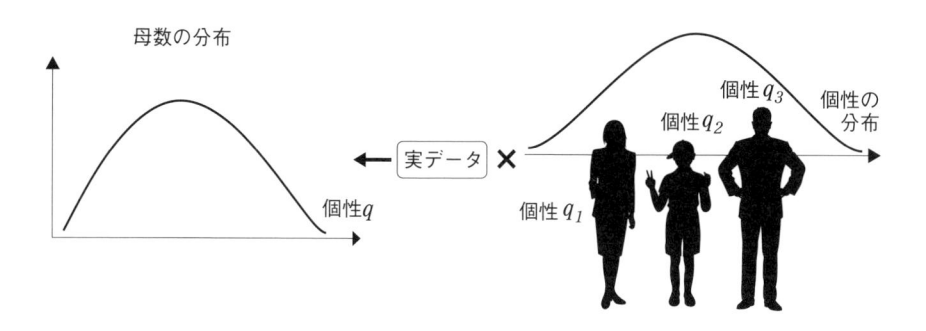

母数の分布　　　　　　　　　　　　　　　　　個性の分布
個性 q　　実データ　個性 q_1　個性 q_2　個性 q_3

　このMCMC法についての具体例については、5章、6章を参照してください。

　うれしいことにMCMC法を含めて、多くのベイズ統計の問題は汎用ソフトのExcelで計算できます。

　従来の統計でも、Excelを使って処理することはありましたが、本格的にチャレンジしようとすると、どうしてもSPSSなどの専用ソフトを必要としました。しかし、ベイズ統計ならExcelだけで十分なのです。それはベイズ理論の基本が単純だからです。単純だからこそ、Excelは"代用ソフト"ではなく、ベイズ理論の計算を十分に処理できるソフトとして使われているのです。

MEMO ネイマン、フィッシャー、ピアソン

　ベイズの理論には「主観的な確率」が入ります。それを長所としてとらえ、活用するのが現在のベイズテクノロジーです。しかし、歴史的には、そのあいまいさゆえに、多くの学者がベイズ理論を退けてきました。このベイズ理論の対極をなす代表的統計学者で、ベイズ理論を排斥した学者こそ、表題のネイマン、フィッシャー、ピアソンです。

　フィッシャー（1890～1962年）やネイマン（1894～1981年）、ピアソン（1895～1980年）は頻度主義と呼ばれる、現在の日本の多くの教科書に採用されている統計学を完成します。

　彼らが構築した統計学には、ベイズ理論のようなあいまいさは一切含まれません。数学的な確率論を基礎に、統計データを確率分布のなかで扱おうとします。この統計学は推定や検定で大きな成果を上げ、現在の品質管理などに多大な貢献を果たしています。

　繰り返しますが、ベイズ理論を統計学に持ち込もうとすると、主観的な確率が入り込む余地が生じてしまいます。これがフィッシャーらの神経を逆なですることになりました。「厳密な科学に主観が入ってはいけない」という厳しい道徳を持っていたからです。こうして、ベイズ統計は20世紀の統計学から排除されることになったのです。

　ちなみに、ここで登場するピアソンは、有名な統計学者カール・ピアソン（1857～1936年）の子のエゴン・ピアソンです。カール・ピアソンは今日の記述統計学を集大成した学者であり、彼の名を冠した「ピアソンの積率相関係数」は、多くの読者がご存知のことと思います。

1章
ベイズ統計の準備をしよう

本章ではベイズ統計で利用される言葉と定理、考え方を確認しましょう。確率・統計論のすべてを解説するものではありませんが、ベイズ統計を理解するための必要にして十分な知識を紹介します。確率や統計に慣れ親しんでいる読者は読み飛ばしてもかまいません。

第1章

1 条件付き確率と乗法定理

■確率の意味とその記号

　ベイズ統計学では、「条件付き確率」という言葉が頻繁に登場するので、まず最初に、「そもそも確率とは何か」について確認しておきます。

　確率を考えるとき、いちばんわかりやすい例はサイコロです。いま、サイコロを1個投げ、「偶数の目の出る確率」を調べてみます。ちなみに、サイコロを「投げる」操作を**試行**といいます。その試行によって得られる結果を**事象**といいます。

　「偶数の目の出る確率」を求める場合、偶数の目の出る事象をAとすると、この事象Aの起こる確率pは、次のように決められます。

$$p = \frac{「偶数の目」の出る場合の数}{起こり得る目のすべての場合の数}$$

　1個のサイコロの目の出方は1～6の6通りですね。だから、分母にある「起こり得る目のすべての場合の数」とは、6通りです。

　このうち、「偶数の目の出る場合の数（事象A）」は2、4、6の3通りです。

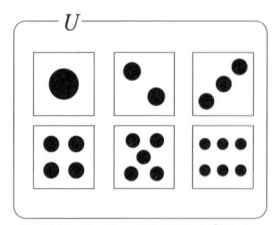

1個のサイコロを投げるとき起こり得るすべての場合の数は6通り。

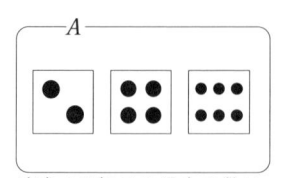

事象Aの起こる場合の数は3通り。

以上より、偶数の目の出る事象Aの確率pは、$p = \dfrac{3}{6} = \dfrac{1}{2}$と求められます。かんたんですね。

これを一般化すれば、次のように確率を定義できます。

$$p = \frac{事象Aの起こる場合の数}{起こり得るすべての場合の数} \quad \cdots (1)$$

（注）ただし、起こり得るすべての場合は同様に確からしい、すなわち等確率で起こるとします。

さて、話を発展させるときには、いろいろな事象についての確率が同じ式のなかに現われます。そこで、各々の起こる確率を区別するための記号が必要です。よく利用される記号が$P(A)$で、これは次のことを意味します。

$P(A) = $ 事象Aの起こる確率　$\cdots (2)$

(1)、(2)式はまとめて右のような集合のイメージで表現されます。すなわち、「起こり得るすべての場合」の集合Uの面積で、「対象となる現象が起こる場合A」の集合の面積を割った数が確率になるのです。

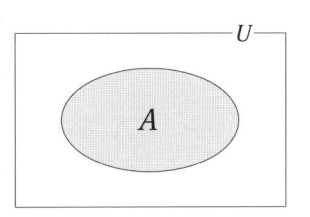

（注）このUを確率論では標本空間といいます。

■同時確率

いま、サイコロを投げて偶数の目の出る事象をA、3の倍数の目の出る事象をBとすると、これらA、Bが同時に起こる確率を

$P(A \cap B)$

と表わします。∩は集合の記号ですね。これを**同時確率**と呼びます。この同時確率を$P(A \cap B)$と書いてもよいのですが、もっとかんたんに$P(A, B)$とも書かれます。上で調べた集合のイメージで表現すると、同時確率$P(A \cap B)$あるいは$P(A, B)$は次のように表わされます。

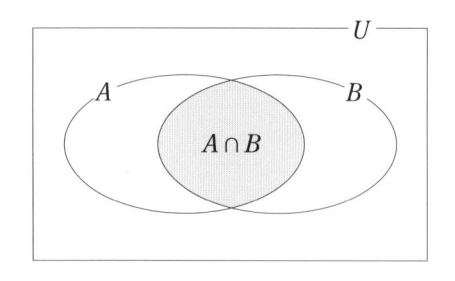

同時確率 $P(A\cap B)$ のイメージ。同時確率は $P(A,B)$ とも書かれることに注意。

■周辺確率

同時確率のことを $P(A\cap B)$ としましたが、もとの A だけが起こる確率、B だけが起こる確率である $P(A)$、$P(B)$ を**周辺確率**と呼びます。

たとえば、ある会社の従業員を対象に、「ビールが好きか」の質問をした結果（好き・普通・嫌いの三択）が、割合として右の表に示されているとしましょう。このとき、事象 A を「男が一人取り出される」事象、B を「ビールが好きな人が取り出される」事象と考えると、

	ビールの好き嫌い			
	好き	普通	嫌い	計
男	0.3	0.2	0.1	0.6
女	0.2	0.1	0.1	0.4
計	0.5	0.3	0.2	1

$$P(A) = 0.3 + 0.2 + 0.1 = 0.6 、 P(B) = 0.3 + 0.2 = 0.5$$

となります。これら $P(A)$、$P(B)$ の値は、通常「計」の欄として、表の周辺に書かれます。そこで、「周辺確率」と呼ばれるのです。

■「条件付き確率」のアイデア

ベイズの定理は「条件付き確率」のアイデアが基本です。

一般に，ある事象 A が起こったという条件のもとで別の事象 B が起こる確率のことを、A のもとで B の起こる**条件付き確率**といいます。これを記号 $P(B|A)$ で表わします。ちなみに $P(B|A)$ のことを $P_A(B)$ と書くケースもあります。$P(A\cap B)$ が同時確率、$P(B|A)$ が条件付き確率、であることを覚

えておくと、勉強がスラスラできるはずです。

さて、条件付き確率$P(B|A)$は、「AのもとでBの起こる確率」ですから、次のように式で書くことができます。

$$P(B|A) = \frac{P(A \cap B)}{P(A)} \qquad P(A) \neq 0 \quad \cdots (3)$$

すなわち、事象Aを全体と考えたときの事象Bの起こる確率です。

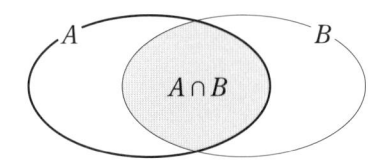

$P(B|A)$は事象Aを全体と考えたときの事象Bの起こる確率のこと。

> **（例1）** ある飛行機の乗客のうち、60%が日本人、42%が日本人男性である。日本人のなかから一人を選び出したとき、それが男性である確率を求めよ。

（解） Aを「一人を選ぶとき、それが日本人」の事象、Bを「一人を選ぶとき、それが男性」の事象とします。このとき、「日本人のなかから一人を選び出したとき、それが男性である」確率は$P(B|A)$と書けます。条件付き確率の公式(3)に代入してみましょう。

$$P(B|A) = \frac{P(A \cap B)}{P(A)} = \frac{\frac{42}{100}}{\frac{60}{100}} = \frac{42}{60} = \frac{7}{10} = 0.7 \quad \textbf{（答）}$$

この例は確率の定義(1)から解いたほうがかんたんかもしれません。100人乗客がいると仮定すると、日本人は60人、日本人男性は42人ですから、確率の定義(1)から、求める確率pは次のようになります。

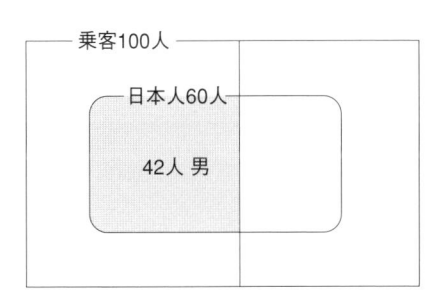

$$p = \frac{42}{60} = \frac{7}{10} = 0.7$$

■乗法定理

(3)式の両辺に$P(A)$を掛ければ、次の式が導出されます。これが**乗法定理**です。

$$P(A \cap B) = P(B|A)P(A) \quad \cdots (4)$$

後に述べるベイズ統計の基本公式はこの乗法定理をアレンジすることで得られます。

> (例2) 100本のなかに10本の当たりがあるくじをa君、b君の順に引く。このとき、a君が当たりくじを引き、b君も当たりくじを引く確率を求めよ。ただし、引いたくじは戻さないものとする。

(解) Aを「a君が当たりくじを引く」の事象、Bを「b君が当たりくじを引く」の事象とすると、求める確率は$P(A \cap B)$なので、乗法定理から、

$$P(A \cap B) = P(B|A)P(A) = \frac{9}{99} \times \frac{10}{100} = \frac{1}{110} \quad (答)$$

となります。記号は少しややこしいかもしれませんが、大丈夫ですよね。

2 確率変数と確率分布

資料を前に私たちが統計分析をするためには、まず統計モデルをつくらなくてはなりません。その際にどうしても必要な知識が**確率変数**と**確率分布**です。その意味について調べてみましょう。

■**確率変数**

確率的に値の決まる変数を**確率変数**と呼びます。

たとえば、一つのサイコロを投げると、目の値Xは1から6までのいずれかの整数になります。「3の目の出る確率」であれば$\frac{1}{6}$といえますが、投げ終わらない限り、1が出るのか、3が出るのか、その値はわかりません。このサイコロの目を表わす変数Xが確率変数なのです。

■**確率分布とその平均値、分散**

確率変数の値に対応して、それが起こる確率の値が与えられるとき、その対応を**確率分布**といいます。対応が表に表わされていれば、その表を**確率分布表**と呼びます。

例として、一つのサイコロを投げたときの、出る目Xの確率分布表は次のようになります。

確率変数 X	確率
1	1/6
2	1/6
3	1/6
4	1/6
5	1/6
6	1/6

一つのサイコロを投げたときの、そのサイコロの目の確率分布表。

さて、確率現象を考えるとき、その**平均値**（**期待値**ともいいます）と**分散**、**標準偏差**というものが考えられます。

たとえば、1個のサイコロを投げたとき、出る目Xの平均値μは、先の確率分布表から、次のように求められます。

$$平均値\mu = 1 \times \frac{1}{6} + 2 \times \frac{1}{6} + \cdots + 6 \times \frac{1}{6} = \frac{21}{6} = 3.5$$

また、出る目Xがどれくらい平均値から散らばっているかを示す目安が分散、標準偏差です。たとえば、1個のサイコロを投げたとき、出る目Xの分散σ^2、標準偏差σを求めてみましょう。

$$分散\sigma^2 = (1-3.5)^2 \times \frac{1}{6} + (2-3.5)^2 \times \frac{1}{6} + \cdots + (6-3.5)^2 \times \frac{1}{6} = \frac{35}{12} \fallingdotseq 2.9$$

$$標準偏差\sigma = \sqrt{\frac{35}{12}} \fallingdotseq 1.7$$

一般的に、確率変数Xの確率分布表が次のように与えられているとしましょう。このとき、その平均値と分散、標準偏差は次のように公式化されます。今後よく利用される公式になるので、しっかりと覚えておいてください。

確率変数X	確率
x_1	p_1
x_2	p_2
…	…
x_n	p_n

（注）本書では、確率変数の平均値をμ、分散をσ^2、標準偏差をσというように、確率分布の代表値（すなわち母数）をギリシャ文字で表わします。μは「ミュー」、σは「シグマ」と読みます。

平均値：　　$\mu = x_1 p_1 + x_2 p_2 + \cdots + x_n p_n$　　…(1)

分散：　　　$\sigma^2 = (x_1 - \mu)^2 p_1 + (x_2 - \mu)^2 p_2 + \cdots + (x_n - \mu)^2 p_n$　　…(2)

標準偏差：$\sigma = \sqrt{\sigma^2}$

■連続的な確率変数と確率密度関数

確率変数がサイコロの目ならば、表にして確率分布を示すことができます。しかし、人の身長や製品の重さ、各種の経済指数など、連続的な値を取る確率変数の場合には、表で示すことが不可能です。

このような連続的な確率変数の確率分布を表現するのが**確率密度関数**です。この関数を $f(x)$ とおくと、確率変数 X が $a \leq X \leq b$ の値を取る確率は下図の斜線部分の面積で表わせます。

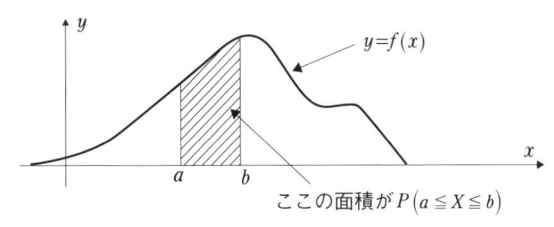

ここの面積が $P(a \leq X \leq b)$

■連続的な確率変数のときの平均値と分散

連続的な確率変数の場合、先の(1)、(2)式のように平均値や分散を和の形で単純に表現できません。確率密度関数 $f(x)$ を利用して、次のように積分で表現されることになります。

$$平均値: \mu = \int x f(x)\, dx \quad \cdots (3)$$

$$分散: \sigma^2 = \int (x-\mu)^2 f(x)\, dx \quad \cdots (4)$$

$$標準偏差: \sigma = \sqrt{\sigma^2}$$

積分範囲は、確率密度関数が定義されているすべての範囲です。

> **MEMO ベイズ統計における積分**
>
> ベイズ統計で扱う確率密度関数は非常に複雑で、上記(3)、(4)式の積分の値をかんたんに得られない場合が多くあります。そこで登場するのが「自然な共役分布の利用」と「MCMC法」という二つの技術です。この二つについては、4～6章でくわしく調べることにします。

3 有名な確率分布

前項では、確率的に値の決まる変数を**確率変数**と呼ぶことを調べました。また、確率変数の値に対応して、それが起こる確率値が与えられるとき、その対応を**確率分布**ということも確かめました。

実際に与えられた資料を分析するには、「そのデータがどのような確率分布に従って生まれたものか」を仮定しなければなりません。

ところで、仮定として用いられる確率分布の種類は、それほど多くありません。ここでは、ベイズ統計でよく利用される確率分布にはどのようなものがあるかを紹介することにします。実際にそれをどのようにベイズ統計で利用するかについては、2章以降で調べます。

なお、それぞれの確率分布には**母数**（パラメータ）が含まれています。二項分布のp、正規分布のμ, σ^2などがそれです。3章以降では、これらを推定することが大きな目標となります。

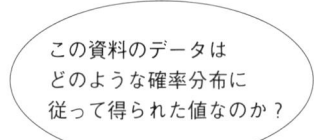

> この資料のデータはどのような確率分布に従って得られた値なのか？

No	x
1	22
2	46
3	44
…	…
n	52

■二項分布

二項分布は身近に経験できる確率分布です。たとえば、サイコロを20回投げ、そのうち1の目が7回出る確率p_7を求めてみましょう。

$$p_7 = {}_{20}C_7 \left(\frac{1}{6}\right)^7 \left(1 - \frac{1}{6}\right)^{20-7}$$

この1の目の出る回数の分布が**二項分布**です。

また、コインを10回投げ、そのうち3回で表の出る確率p_3は、

$$p_3 = {}_{10}C_3\left(\frac{1}{2}\right)^3\left(1-\frac{1}{2}\right)^{10-3}$$

となります。この表の出る回数の分布も二項分布です。後に述べる**尤度**を求めるための確率分布として、ベイズ統計ではよく利用されます。

二項分布は次のように一般的に表現されます。

1回の試行で、ある事象Aの起こる確率がpである。この試行をn回繰り返したとき、事象Aがk回起こる確率は、

$$\quad {}_nC_k\, p^k(1-p)^{n-k} \quad \cdots(1)$$

となる。確率変数Xが$X=k$という値を取る確率がこの(1)式で与えられるとき、この確率分布を**二項分布**という。

この分布の平均値μと分散σ^2は次のように与えられる。

$$\quad \mu = np \,、\, \sigma^2 = np(1-p)$$

ちなみに、(1)式で表わされる二項分布を記号$B(n,\ p)$で示します。

nが20のときの二項分布のグラフを示しておきましょう。二項分布は正規分布で近似されますが、そのことが確かめられます。

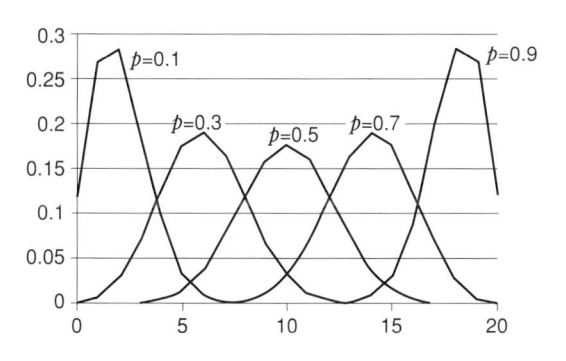

■正規分布

二項分布と同様、いや、それ以上に多用されるのが**正規分布**です。

正規分布は、たとえば、誤差が介在するときに用いられます。例として飲料水メーカーの工場から出荷されるペットボトルの容量を考えてみましょう。「内容量500ml」と書かれていても、厳密に500mlが入っているわけではありません。多少の散らばりがあるのが普通です。その散らばりの分布が正規分布になります。

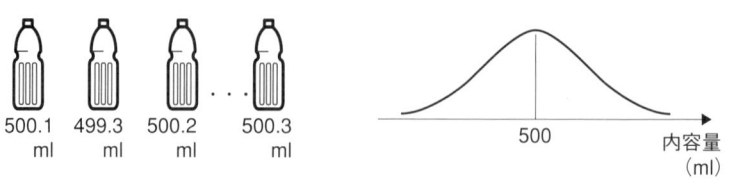

正規分布は次のように一般的に記述されます。

確率密度関数が次の関数で表わされる分布を**正規分布**といい、$N(\mu, \sigma^2)$ で表わされる。

$$f(x) = \frac{1}{\sqrt{2\pi}\,\sigma} e^{-\frac{(x-\mu)^2}{2\sigma^2}}$$

このとき、平均値は μ、分散は σ^2 となる。

なお、π は円周率、e はネイピアの数で、$\pi = 3.14159\cdots$、$e = 2.71828\cdots$。

正規分布のグラフは、右図のように釣鐘型の美しいグラフになります。従来の統計学と同様に、正規分布はベイズ統計でも大活躍します。

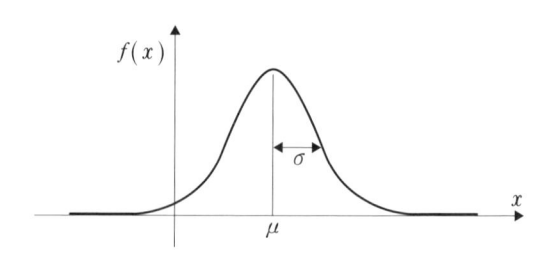

> **MEMO 中心極限定理**
>
> 調査のために同じ個数の標本をいくつも集め、平均値を標本ごとに求めたとしましょう。すると、これらの平均値の分布が正規分布になるのです。これを**中心極限定理**と呼びます。近代統計学の最重要定理の一つです。

■一様分布

単純な統計モデルに用いられるのが**一様分布**です。

たとえば、ルーレットを考えてみましょう。玉の大きさが十分小さい理想的な場合を考えてみます。ルーレットを回すと、玉は円周上のどこに停止するかは不定です。逆にいえば、周上のどの点にも玉が停止する確率は等しくなります（右図）。このような確率分布が一様分布です。

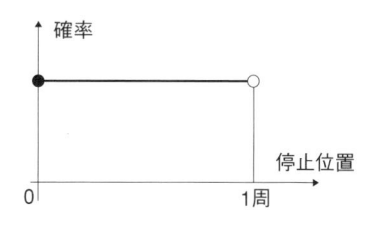

一様分布は次のように一般的に記述されます。ベイズ統計では、一様分布は事前分布としてよく利用されます。

確率密度関数 $f(x)$ が次のように一定の値を取る分布を**一様分布**といい、$U(a, b)$ で表わされる。

$$f(x) = \begin{cases} k \text{ (一定)} & (a \leq x \leq b) \\ 0 & (x < a \text{ または } b < x) \end{cases}$$

このとき、平均値 μ と分散 σ^2 は次のように与えられる。

$$\mu = \frac{a+b}{2}, \quad \sigma^2 = \frac{(b-a)^2}{12}$$

ここで、k は確率の総和が 1 になる条件（規格化の条件）から決定されます。

一様分布をグラフに示すと、次の図のように水平な直線になります。

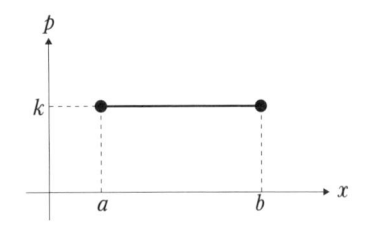

一様分布のグラフ。定数kは確率の総和が1になる条件から決定される。

■ベータ分布

ベータ分布はベイズ統計で事前分布・事後分布としてしばしば利用されます。ベイズ統計では、事前分布・事後分布に利用される分布関数は、その形だけが問題であり、実際にその分布の意味が問われるのは稀です。

このベータ分布も、ベイズ統計では関数の形が見込まれて、よく利用されます。この意味は3章以降で調べることにして、実際にその分布の形と性質を見てみましょう。

確率密度関数$f(x)$が次のように与えられる分布を**ベータ分布**といい、$Be(p, q)$と表わされる。

$$f(x) = kx^{p-1}(1-x)^{q-1} \qquad (k は定数、0<x<1、0<p、0<q)$$

このとき、平均値μと分散σ^2は次のように与えられる。

$$\mu = \frac{p}{p+q}、\quad \sigma^2 = \frac{pq}{(p+q)^2(p+q+1)}$$

ここで、定数kは確率の総和が1になる条件（規格化の条件）から決められます。

注意すべきことは、一様分布はベータ分布の特別な場合（すなわち、$Be(1, 1)$）と考えられることです。この性質は後でたびたび利用されるので、覚えましょう。

1章　ベイズ統計の準備をしよう

■ポアソン分布

ポアソン分布は、交通事故死のような稀な現象を説明するための確率分布に利用されます。

このポアソン分布は次のような分布です。

> 整数xについての分布関数が次のように与えられる分布を**ポアソン分布**という。
> $$f(x) = \frac{e^{-\theta}\theta^x}{x!} \quad (ただし、xは0、1、2、\cdots、\theta > 0)$$
> このポアソン分布の平均値μと分散σ^2は等しく、次のように与えられる。
> $\mu = \theta$、$\sigma^2 = \theta$

たとえば、ある都市の1日の交通事故死亡者数が3日間で1、2、3人だとすると、これが起こる確率は上の公式の変数xに1、2、3を代入して、それぞれ次のように記述されます。

$$\frac{e^{-\theta}\theta^1}{1!}、\frac{e^{-\theta}\theta^2}{2!}、\frac{e^{-\theta}\theta^3}{3!}$$

ここで、θはこの分布の母数（パラメータ）です。

■ガンマ分布

ガンマ分布はベイズ統計で事前分布・事後分布としてしばしば利用されます。ベータ分布のところで説明したように、ベイズ統計では、事前分布・事後分布に利用される分布関数は、その形だけが問題であり、実際にその分布の意味が問われるのは稀です。ガンマ分布の形と性質を見てみましょう。

確率密度関数 $f(x)$ が次の関数で与えられる分布を**ガンマ分布**といい、$Ga(\alpha, \lambda)$ と表わされる。

$$f(x) = kx^{\alpha-1}e^{-\lambda x} \qquad (0<x、0<\lambda、k は定数)$$

このガンマ分布の平均値 μ、分散 σ^2 は次のようになる。

$$\mu = \frac{\alpha}{\lambda}、\quad \sigma^2 = \frac{\alpha}{\lambda^2}$$

分布関数に含まれる定数 k は確率の総和が1になる条件（規格化の条件）から決められます。

$\alpha=1$、$\lambda=2$、および $\alpha=3$、$\lambda=2$ の場合のガンマ分布のグラフを示しましょう。

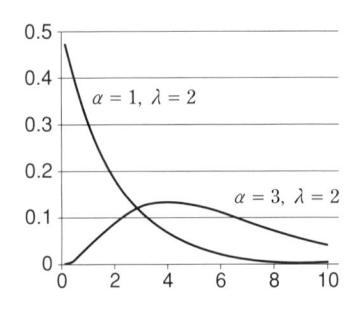

$\alpha=1$、$\lambda=2$、および $\alpha=3$、$\lambda=2$ の場合のガンマ分布のグラフ。

■逆ガンマ分布

逆ガンマ分布も、ベイズ統計の事前分布・事後分布としてよく利用される分布関数です。ベータ分布やガンマ分布と同様に、ベイズ統計ではその形だけが問題であり、実際にその分布の意味が問われるのは稀です。

逆ガンマ分布は、次のような分布です。

確率密度関数 $f(x)$ が次の関数で与えられる分布を**逆ガンマ分布**といい、$IG(\alpha, \lambda)$ で表わされる。

$$f(x) = kx^{-\alpha-1}e^{-\frac{\lambda}{x}} \qquad (0<x、0<\lambda)$$

この逆ガンマ分布の平均値μ、分散σ^2は次のようになる。

$$\mu = \frac{\lambda}{\alpha - 1} \quad (\alpha > 1) \,、\, \sigma^2 = \frac{\lambda^2}{(\alpha - 1)^2 (\alpha - 2)} \quad (\alpha > 2)$$

分布関数に含まれる定数kは確率の総和が1になる条件(規格化の条件)から決められます。

$\alpha = 1$、$\lambda = 1$および$\alpha = 1$、$\lambda = 2$の場合の逆ガンマ分布のグラフを示しましょう。

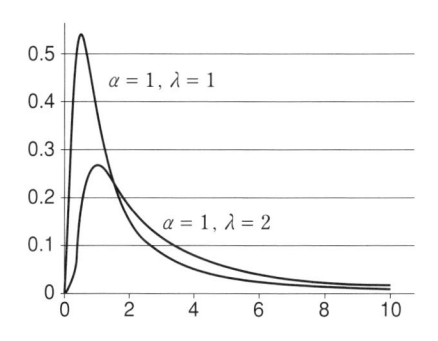

$\alpha = 1$、$\lambda = 1$、および$\alpha = 1$、$\lambda = 2$の場合の逆ガンマ分布のグラフ。

規格化の条件

MEMO

確率変数の分布関数になるには、いくつかの条件が必要です。たとえば、確率は負にならないので、常に0以上になるという条件があります。さらに強い条件として、確率の総和が1になる、という条件があります。これを**規格化の条件**といいます。

4 尤度関数と最尤推定法

統計資料に対して私たちは統計モデルをつくり分析しますが、そのモデルには母数（パラメータ）が付随しているのが一般的です。統計学の大きな目標の一つは、その母数を決定することです。もっともかんたんな決定法として代表的なものが**最尤推定法**です。ちなみに「最尤」の「尤」とは「もっとも」の意味であり、最尤推定法とは「もっともな値の推定法」ということです。

■例で調べてみよう

ここにコインが一つあるとします。このコインの「表の出る確率をp」とします。このpを最尤推定法で推定してみましょう。

試しに5回コインを投げてみます。すると、

　　　表、表、裏、表、裏

と出たとします。この現象の起こる確率は、「$p=$表が出る確率」とすると、次のように表現できます。

$$p \times p \times (1-p) \times p \times (1-p) = p^3(1-p)^2 \quad \cdots (1)$$

これを**尤度関数**と呼び、$L(p)$で表わします。

最尤推定法は、尤度関数$L(p)$の値が最大になるときに、コインの表の出る確率pが実現されると考えます。そこで、尤度関数$L(p)$をグラフに示してみましょう。グラフから、$p=0.6$のときにもっともこの現象が起こりやすいことがわかります。

1章 ベイズ統計の準備をしよう

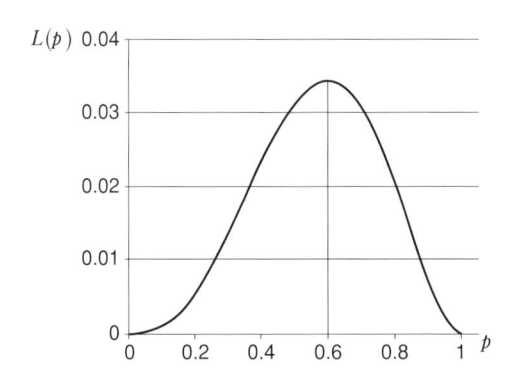

$p=0.6$ のときに尤度関数 $L(p)$ が最大になる。数学的には、0.6の値は微分して求めることができる。

これは $L(p)$ という関数の最大値を求める問題ですが、こうしてコインの表の出る確率 p は0.6と推定されます。これが最尤推定法の考え方です。

$$p = 0.6 \quad \cdots (2)$$

さて、前ページのように母数（ここでは確率 p）を含む尤度関数があるとき、その関数 $L(p)$ が最大値を与えるように母数を決定する方法を最尤推定法といいますが、そこで得られた母数の値を**最尤推定値**といいます。この例では $p=0.6$ が最尤推定値です。

■対数尤度

統計分析で利用される関数の多くは、(1)式のように指数の形や積の形をしています。また、前項に示した有名な分布関数を見ても納得がいくでしょう。

さて、指数や積の計算には対数を利用すると便利です。積が和に変換されるからです。たとえば、(1)式の尤度 $L(p)$ の対数を調べてみましょう。

$$\log L(p) = \log p^3(1-p)^2 = 3\log p + 2\log(1-p) \quad \cdots (3)$$

指数や積の形が和に変換されています。

この尤度関数について対数を取った関数を**対数尤度**といいます。ありがたいことに、対数尤度から得る最尤推定値と、もとの尤度関数から得る最尤推定値

は一致します。この性質があるからこそ、対数尤度が重宝されるのです。

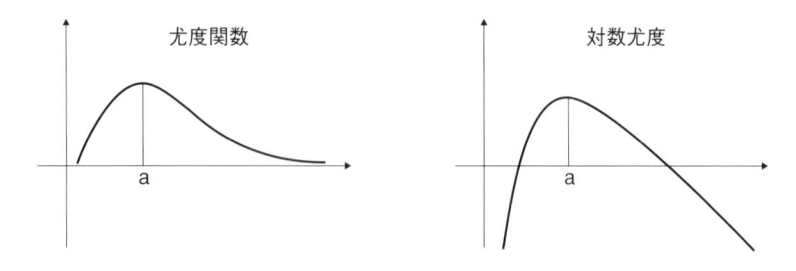

尤度関数の最大値を与える最尤推定値と、対数尤度の最尤推定値は一致する。

■Excelで最尤推定値を求める

　Excelを利用すると、最尤推定値がかんたんに求められます。「ソルバー」と呼ばれる分析ツールが使えるからです。本書でも6章の経験ベイズ法で利用します。

　次の図は(1)式について、ソルバーで最大値を求めた結果です。(2)式で示した$p=0.6$のときに尤度関数が最大値になっていることを確かめましょう。

　下図は、この結果を得るためのソルバーの設定例です。

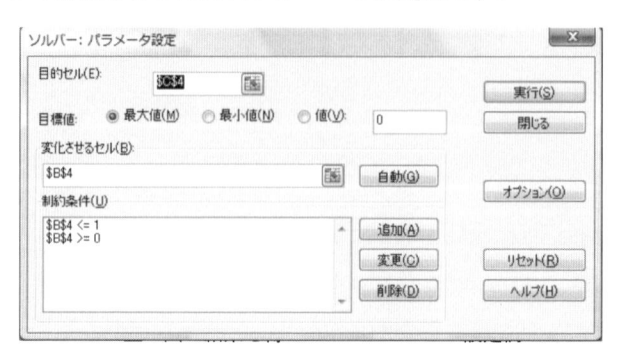

2章
ベイズの定理とその応用

本章では、ベイズ統計の出発点となる「ベイズの定理」について調べてみましょう。とてもシンプルな定理ですが、解釈によってさまざまな分野に応用できます。

第 2 章

1 ベイズの定理とは

■条件付き確率と乗法定理

　ベイズの定理は「ある事項Aが起こった」という「条件付き確率」のアイデアから生まれました。条件付き確率については前章で調べましたが、少しだけおさらいしてみましょう。

　一般に、ある事象Aが起こったという条件のもとで事象Bの起こる確率を、AのもとでBの起こる**条件付き確率**といいます。記号では$P(B|A)$と表わします。これは$P_A(B)$と表わすこともあります。

　前章では、この条件付き確率は次のように表わせることを調べました。

$$P(B|A) = \frac{P(A \cap B)}{P(A)} \quad \cdots (1)$$

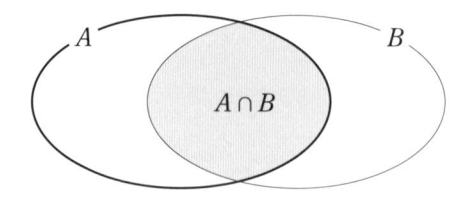

$P(B|A)$は事象Aを全体(すなわち標本空間)と見なしたときの事象Bの起こる確率と考えられるので、$A \cap B$が表われる。

(例) 右の表は、ある地域の7月9日と7月10日の晴雨の関係を示したものです(曇りは晴れに分類しています)。7月9日が晴れたときに、翌日の10日が晴れとなる確率を求めよ。

		10日		計
		晴	雨	
9日	晴	0.36	0.21	0.57
	雨	0.16	0.27	0.43
	計	0.52	0.48	1

表を見て、「9日が晴れ」「10日が晴れ」は0.36だから、「0.36（答）」はもちろんダメです。あくまでも「9日が晴れ」たときという条件付き確率を求める問題なので、少なくとも0.36より大きくなることがわかります。先の公式(1)で、Aに相当するのが「7月9日が晴れ」、Bに相当するのが「7月10日が晴れ」です。求めたい確率は$P(B|A)$ですが、表から、

$$P(A) = 0.57、P(A \cap B) = 0.36$$

これを(1)式に代入して、

$$P(B|A) = \frac{P(A \cap B)}{P(A)} = \frac{0.36}{0.57} \fallingdotseq 0.63 \text{（答）}$$

さて、条件付き確率の(1)式の両辺に$P(A)$を掛けると、次の**乗法定理**が得られることも、前章で調べました。

$$P(A \cap B) = P(B|A)P(A) \quad \cdots(2)$$

この形が、次に調べる**ベイズの定理**につながります。

■シンプルなベイズの定理

ベイズの定理は、乗法定理(2)式を変形しただけのシンプルな定理です。(2)式から、

$$P(A \cap B) = P(B|A)P(A)$$

Aの役割をBに担わせれば、

$$P(A \cap B) = P(A|B)P(B)$$

これら二つの式は、左辺の$P(A \cap B)$が同じなので、

$$P(A|B)P(B) = P(B|A)P(A)$$

$P(A|B)$について解くと、次の式が得られます。これが**ベイズの定理**です。

$$P(A|B) = \frac{P(B|A)P(A)}{P(B)} \quad \cdots(3)$$

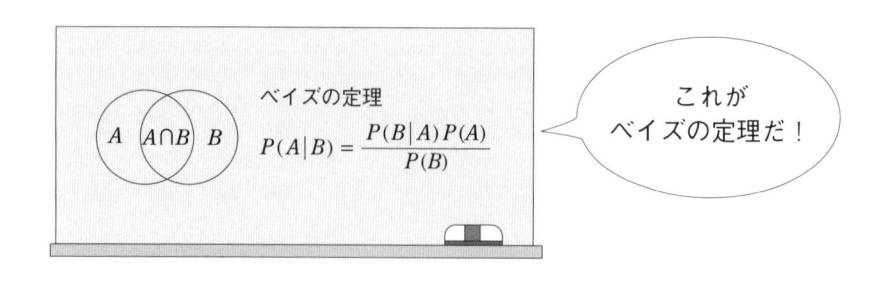

ベイズの定理
$$P(A|B) = \frac{P(B|A)P(A)}{P(B)}$$

これがベイズの定理だ！

■逆確率、原因の確率、事前確率・事後確率

ベイズの定理である(3)式は、Bが起こったときにAが起こる確率$P(A|B)$に、Aが起こったときにBが起こる確率$P(B|A)$を対応させる式です。A、Bの役割が逆転しているのです。この意味で、$P(A|B)$を$P(B|A)$の**逆確率**と呼ぶことがあります。

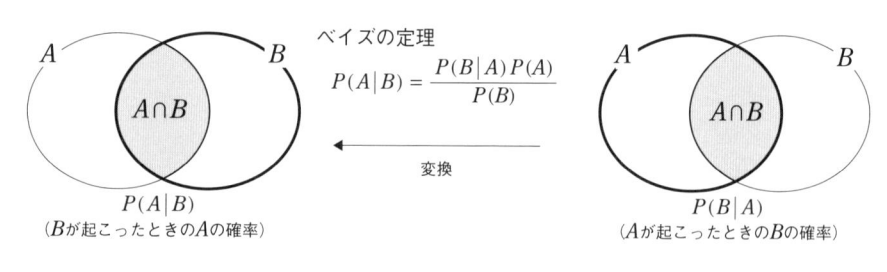

ベイズの定理
$$P(A|B) = \frac{P(B|A)P(A)}{P(B)}$$
変換

$P(A|B)$
(Bが起こったときのAの確率)

$P(B|A)$
(Aが起こったときのBの確率)

実際の応用では、(3)式のAを原因、Bを結果と考えることが多くあります。すると、$P(A|B)$は結果Bが得られたときに、その原因がAであったことを表わします。したがって、$P(A|B)$を**原因の確率**と呼ぶこともあります。

さて、(3)式のAを原因、Bを結果と考えるとき、$P(A)$は結果Bが起こる前の確率であり、$P(A|B)$はBが起こった後の確率です。そこで、$P(A)$を**事前確率**、$P(A|B)$を**事後確率**と呼びます。

(3)式の解釈によって、$P(A|B)$が逆確率、原因の確率、事後確率……と、状況に応じて名前を変えて呼ばれます。ベイズの定理を学習するとき、最初に戸惑う事柄の一つですので、留意してください。

■ベイズの定理の確認

ベイズの定理の意味を具体例で確認してみましょう。

> **（例）** 3枚のカードe、f、gが箱に入っている。カードeは両面が白、カードfは片面が白で片面が黒、カードgは両面が黒である。これら3枚のカードのうち1枚を箱のなかから無作為に取り出して机上におく。取り出したカードの上面が白のとき、そのカードがfである確率はいくらか。

まず、ベイズの定理に現われる記号に親しむために、確率の記号を用いて表現してみましょう。

カードeが取り出されることをE、カードfが取り出されることをF、カードgが取り出されることをG、で表わします。また、取り出したカードの上面が白であることをWで表わすことにします。問題は「取り出したカードの上面が白のとき」に、それが「カードf」である確率です。すると、求めたい答えは、条件付き確率の記号を利用して、次のように表現できます。

$$P(F|W) \quad \cdots(4)$$

では、問題を解いてみましょう。理解を深めるために、確率の定義を用いる方法と、ベイズの定理を用いる方法との、二つの方法で解いてみます。

（解1）確率の定義を用いて解く

「取り出したカードの上面が白」の場合は下図①、②、③の3通りです（カードeには、「表」と「裏」という文字を付して、表裏の白を区別しています）。

①	②	③
e表 白	e裏 白	f 白

①〜③の3通りはどの場合も同様に確からしく、「下面が黒である」のは③

の場合の 1 通りだけです。よって、確率の定義から、
$$P(F\mid W)=\frac{1}{3} \quad \text{(答)}$$

(解 2) ベイズの定理を用いた解法

(3)式のなかの A、B には、(4)式と比較して F、W が対応します。すなわち、この問題におけるベイズの定理は、次のように表現できます。

$$P(F\mid W)=\frac{P(W\mid F)P(F)}{P(W)} \quad \cdots(5)$$

分母の $P(W)$ は「取り出したカードの上面が白」の確率です。次の図から、「取り出したカードの上面が白」なのは、同様に確からしい①～⑥のいずれか一つから、①～③のいずれか一つを選ぶ場合です。

①	②	③	④	⑤	⑥
e 表 白	e 裏 白	f 白	f 黒	g 表 黒	g 裏 黒

以上のことから、

$$P(W)=\frac{3}{6}=\frac{1}{2}=0.5 \quad \cdots(6)$$

となります。(5)式の分子の $P(F)$ は、3 枚のカードから「カード f が取り出される」確率ですから、

$$P(F)=\frac{1}{3} \quad \cdots(7)$$

です。(5)式の分子の $P(W\mid F)$ は「カード f が取り出されたときに、それが白 (W)」の確率ですから、表裏同一確率と仮定して、

$$P(W\mid F)=\frac{1}{2}=0.5 \quad \cdots(8)$$

となります。これら (6)～(8)式をベイズの定理(5)式に代入します。

$$P(F|W) = \frac{P(W|F)P(F)}{P(W)} = \frac{0.5 \times \frac{1}{3}}{0.5} = \frac{1}{3} \quad \text{(答)}$$

　当然ですが、確率の定義を用いる方法の（解1）の答えとピッタリ一致しています。「ベイズの定理」がどんな定理なのか、二つの解を比較することで、見えてくるものがあると思います。

　ちなみに、カードを選択することは色の「原因」であり、色はその「結果」です。「結果」の色から「原因」のカードを選択する確率を求めているので、得られた解答が「原因の確率」と呼ばれるのも、もっともな話でしょう。

第2章

2 ベイズの定理を変形させる

　前項でベイズの定理の使い方がわかったと思いますが、ちょっと考え方がめんどうでした。もっと形式的にすることはできないでしょうか。そこで先ほどのベイズの定理

$$P(A|B) = \frac{P(B|A)P(A)}{P(B)} \quad \cdots (1)$$

を、ベイズ統計で利用するための準備として、多少変形してみましょう。

■基本定理から発展形へ

　変形しやすいように事象AをA_1とし、(1)式を次のように表現します。

$$P(A_1|B) = \frac{P(B|A_1)P(A_1)}{P(B)} \quad \cdots (2)$$

　さて、事象BはこのA_1とともに、A_2、A_3の計三つの事象のどれかに属するとします。また、A_1、A_2、A_3には共通部分がない（すなわち**排反**）としましょう。

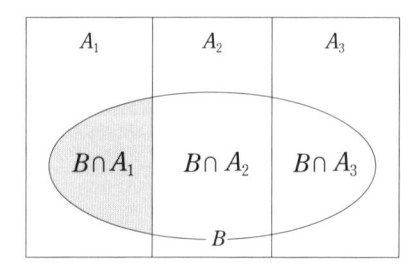

左の図のようなとき、Bは $B \cap A_1$、$B \cap A_2$、$B \cap A_3$ の三つの和で表現される。

このとき、確率$P(B)$は次のように三つの和で表現されます。

$$P(B) = P(B \cap A_1) + P(B \cap A_2) + P(B \cap A_3)$$

右辺の各々は乗法定理を利用して、次のように変形できます。

$$P(B) = P(B|A_1)P(A_1) + P(B|A_2)P(A_2) + P(B|A_3)P(A_3)$$

これを(2)式に代入します。

$$P(A_1|B) = \frac{P(B|A_1)P(A_1)}{P(B|A_1)P(A_1) + P(B|A_2)P(A_2) + P(B|A_3)P(A_3)} \quad \cdots (3)$$

これが目的のベイズの定理の変形です。これを使うと、先ほどの例題をもっと公式的に解くことができます。

■例題を解いてみよう

前項で調べた例題で、(3)式の意味を確かめてみましょう。

> (例) 3枚のカードe、f、gが箱に入っている。カードeは両面が白、カードfは片面が白で片面が黒、カードgは両面が黒である。これら3枚のカードのうち1枚を箱のなかから無作為に取り出して机上におく。取り出したカードの上面が白のとき、そのカードがfである確率はいくらか。

(3)式を利用すると、形式的に問題が解けるようになります。3枚のカードe、f、gが取り出されることをE、F、Gそして、上面が白のときをWとするのは、前項の例題の解説と同じです。

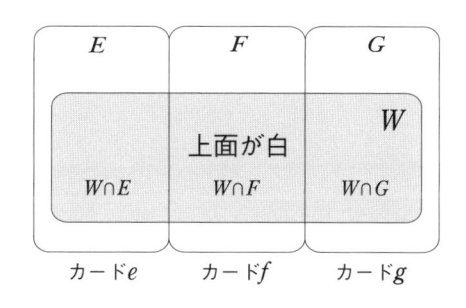

（解）取り出したカードの上面が白（すなわちW）のときは、三つの場合があります。カードがe、f、gの三つの場合（すなわちE、F、G）が考えられます（ただし、カードgは両面が黒ですが）。(3)式を利用すると、

$$P(F|W) = \frac{P(W|F)P(F)}{P(W|E)P(E)+P(W|F)P(F)+P(W|G)P(G)} \quad \cdots(4)$$

となります。ここで、

$P(W|E) = $「$e$のカードが取り出されたとき、それが白の確率」$= 1$

$P(W|F) = $「$f$のカードが取り出されたとき、それが白の確率」$= \dfrac{1}{2}$

$P(W|G) = $「$g$のカードが取り出されたとき、それが白の確率」$= 0$

また、$P(E)$、$P(F)$、$P(G)$は3枚のカードe、f、gから1枚を取り出す確率ですから、

$$P(E) = P(F) = P(G) = \frac{1}{3}$$

となります。これらを(4)式に代入します。

$$P(F|W) = \frac{\frac{1}{2} \times \frac{1}{3}}{1 \times \frac{1}{3} + \frac{1}{2} \times \frac{1}{3} + 0 \times \frac{1}{3}} = \frac{1}{3} \quad \text{（答）}$$

当然ですが、前項の結果と一致しています。ここでは、公式(3)を利用すると、部品$P(W|E)$、$P(W|F)$、$P(W|G)$、$P(E)$、$P(F)$、$P(G)$を組み合わせて形式的に確率が求められる、ということを確認してください。

3 壺の問題を考える

本章の残りでは、ベイズの定理に親しむための有名な問題を紹介することにします。この項では、壺にまつわる問題を紹介しましょう。これにより、ベイズ統計に慣れてください。

> **(例1)** 二つの壺 a、b がある。壺 a には赤玉が3個、白玉が2個入っている。壺 b には赤玉が8個、白玉が4個入っている。壺 a と壺 b が選ばれる割合は1:2とする。どちらかの壺から玉1個を取り出したとき、それが赤玉であった。その赤玉が壺 a から選ばれている確率を求めよ。

(解) 事象 A、B、R を次のように定義しましょう。

A:壺 a から玉を取り出す
B:壺 b から玉を取り出す
R:壺から取り出した玉が赤玉である

求める確率は $P(A|R)$ と表わせます。すると、ベイズの定理の変形公式（前項の(3)式）から、

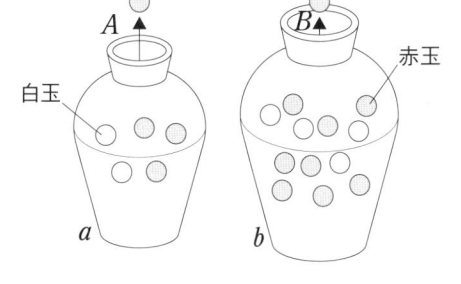

$$P(A|R) = \frac{P(R|A)P(A)}{P(R|A)P(A)+P(R|B)P(B)} \quad \cdots(1)$$

「壺 a と壺 b が選ばれる割合は1:2」なので、

$P(A) = \dfrac{1}{3}$、$P(B) = \dfrac{2}{3}$

また、

$P(R|A)$ =「壺aから玉が取り出されたとき、それが赤玉の確率」= $\dfrac{3}{5}$

$P(R|B)$ =「壺bから玉が取り出されたとき、それが赤玉の確率」= $\dfrac{8}{12}$

以上の結果を(1)式に代入します。

$$P(A|R) = \dfrac{\dfrac{3}{5} \times \dfrac{1}{3}}{\dfrac{3}{5} \times \dfrac{1}{3} + \dfrac{8}{12} \times \dfrac{2}{3}} = \dfrac{9}{29} \quad (\text{答})$$

かんたんに解けましたね。では、これに似た次の問題を解いてみましょう。今度は、壺a、bの選ばれる確率が与えられていないケースですが、あなたならどう対応するでしょうか。

（例2）外見からは区別のつかない二つの壺a、bがある。壺aには白玉1個と赤玉3個、壺bには白玉2個と赤玉2個が入っている。どちらかの壺から、1個の玉を取り出したら赤玉であった。この赤玉が壺aから取り出された確率を求めよ。

（解）（例1）と同様、事象A、B、Rを次のように定義します。

 A：壺aから玉を取り出す

 B：壺bから玉を取り出す

 R：壺から取り出した玉が赤玉である

求める確率は$P(A|R)$ですが、ベイズの定理の変形公式（前項の(3)式）から、

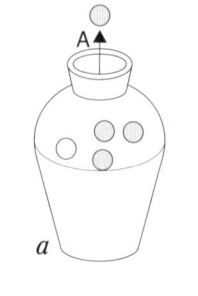

$$P(A|R) = \dfrac{P(R|A)P(A)}{P(R|A)P(A) + P(R|B)P(B)} \quad \cdots (2)$$

壺a、bの選ばれる確率が与えられていません。こういう場合は、「どちらの壺も選ぶ確率は等しい」と考えるのが適切でしょう。そこで、

$$P(A) = P(B) = \frac{1}{2} \quad \cdots (3)$$

また、$P(R|A) = \frac{3}{4}$、$P(R|B) = \frac{2}{4}$ なので、以上の結果を(2)式に代入して、

$$P(A|R) = \frac{\frac{3}{4} \times \frac{1}{2}}{\frac{3}{4} \times \frac{1}{2} + \frac{2}{4} \times \frac{1}{2}} = \frac{3}{5} = 0.6 \quad \text{(答)}$$

さて、ここで重要なのが(3)式です。問題には書いていないのに、壺が選ばれる確率を勝手に$\frac{1}{2}$ずつと考えました。数学的には(3)式を確かめることはできませんが、題意から考えれば、壺a、bのどちらかを優先する必然性はありません。そこで、「どちらの壺も選ぶ確率は等しい」と考えるしかないのです。

この考え方を**理由不十分の原則**といいます。このような融通性のある点こそ、ベイズ理論のよいところであり、現実の問題に対応できると評価されることなのです。

第2章

4 大学の入試問題からベイズ統計にチャレンジ

　引き続き、ベイズの定理に関係する有名な問題を取り上げてみましょう。今度は、大学入試問題から選択してみます。まず早稲田大学の問題から。

> **（例1）** 5回に1回の割合で帽子を忘れるくせのあるK君が、正月にA、B、C 3軒を順に年始回りをして家に帰ったとき、帽子を忘れてきたことに気がついた。2軒目の家Bに忘れてきた確率を求めよ。

■例1を「確率の定義」で解いてみよう

　まず、ベイズの定理を用いずに確率の定義で解いてみましょう。そうすることで、後に調べるベイズの定理による解法の理解が深められます。

　話をかんたんにするために、K君が具体的な回数として年始回りを1000回したとしましょう。

　「そんなに年始回りはしない」
と怒らないでください。あくまで、仮想の話です。

　題意から、1軒目のAで帽子を忘れる確率は$\frac{1}{5}$なので、1000回中200回（$= 1000 \times \frac{1}{5}$）は帽子を忘れて2軒目の$B$に向かい、残りの800回は帽子を忘れないで2軒目のBに向かうことになります。

　再び題意から、2軒目のBで帽子を忘れる確率は$\frac{1}{5}$なので、帽子を忘れないでBに到着した残りの800回中160回（$= 800 \times \frac{1}{5}$）は帽子を忘れて3軒目のCに向かい、残りの640回は帽子を忘れ

ずに3軒目のCに向かうことになります。

再度題意から、3軒目のCでも帽子を忘れる確率は$\frac{1}{5}$なので、帽子を忘れないでCに到着した640回中128回（$=640 \times \frac{1}{5}$）は帽子を忘れて家に戻り、残りの512回は帽子を忘れずに家に戻ることになります。

結局、1000回中488回帽子を忘れて家に戻ることがわかります。

問題は「帽子を忘れてきたことに気がついたとき、家Bに忘れてきた確率」なので、以上の結果から、求める確率は

$$\frac{家Bで忘れた回数}{帽子を忘れてきた回数} = \frac{160}{488} = \frac{20}{61} \quad \textbf{（答）}$$

■例1を「ベイズの定理」で解いてみよう

では、同じ問題をベイズの定理で解いてみます。まず、事象A、B、C、Fを次のように定義します。

A：家Aに入るときに帽子を持っている

B：家Bに入るときに帽子を持っている

C：家Cに入るときに帽子を持っている

F：家で帽子を忘れる

求める確率は$P(B|F)$ですが、本章2項で調べたベイズの定理の変形公式から、

$$P(B|F) = \frac{P(F|B)P(B)}{P(F|A)P(A) + P(F|B)P(B) + P(F|C)P(C)} \quad \cdots (1)$$

となります。K君は5回に1回の割合で帽子を忘れるくせがあるので、

$$P(F|A) = P(F|B) = P(F|C) = \frac{1}{5}$$

また、家Aに到着したときは帽子を持っているので、

$$P(A) = 1$$

家Bに入るとき帽子を持っている確率$P(B)$は、家Aで忘れていないので、

$$P(B) = 1 - \frac{1}{5} = \frac{4}{5}$$

家Cに入るとき帽子を持っている確率$P(C)$は、家A、Bで忘れていないので、

$$P(C) = \left(1 - \frac{1}{5}\right)^2 = \left(\frac{4}{5}\right)^2$$

以上を(1)式に代入して、$P(B|F) = \dfrac{\frac{1}{5} \times \frac{4}{5}}{\frac{1}{5} \times 1 + \frac{1}{5} \times \frac{4}{5} + \frac{1}{5} \times \left(\frac{4}{5}\right)^2} = \dfrac{20}{61}$ （答）

答えは当然、確率の基本で解いた答えと同じになります。

次の例題として、旭川医大の問題を取り上げてみます。この問題はベイズの定理の紹介としてはとても有名な問題です。

（例2） ある病気を発見する検査法Tに関して、次のことが知られている。

・病気にかかっている人に、Tを適用すると98%の確率で病気であると正しく診断される。

・病気にかかっていない人に、Tを適用すると5％の確率で誤って病気にかかっていると診断される。

・人全体からなる母集団においては、病気にかかっている人と病気にかかっ

ていない人との割合はそれぞれ 3 %、97%である。

母集団より無作為に抽出された一人に、T を適用して病気にかかっていると診断されたとき、この人が本当に病気にかかっている確率を求めよ。

■例2を「確率の定義」で解いてみよう

例1と同様に、まずベイズの定理を用いずに確率の定義で解いてみましょう。

話を具体的にするために母集団として10000人いたとします。すると題意の条件から次のような人数が得られます。

病気にかかっていない人数 = 10000 × 0.97 = 9700人

病気にかかっている人数 = 10000 × 0.03 = 300人

病気にかかっていないのに病気と診断される人数 = 9700 × 0.05 = 485人

病気にかかっていて病気と診断される人数 = 300 × 0.98 = 294人

病気にかかっていると診断される人数 = 485 + 294 = 779人

病気	病気でない
病気と診断される　779人	
294人	485人
―― 300人 ―――――― 9700人 ――

したがって、T を適用して「病気にかかっていると診断される」人のなかで、実際にその人が病気にかかっている確率は、確率の定義から、

$$\frac{病気にかかり病気と診断される人数}{病気と診断される人数} = \frac{294}{779} \left(\fallingdotseq 38\%\right) \quad (答)$$

■例2を「ベイズの定理」で解いてみよう

さて、ベイズの定理で考えてみましょう。まず、次のように A、B、$\overline{A}$ を定義します。すなわち、母集団から無作為に一人を取り出すとき、

A：その人が病気にかかっている
B：その人が病気と診断される
$\overline{A}$：その人が病気にかかっていない

記号A、B、$\overline{A}$を利用すると、求めたい確率は$P(A|B)$です。本章2項で調べたベイズの定理の変形公式を適用すると、

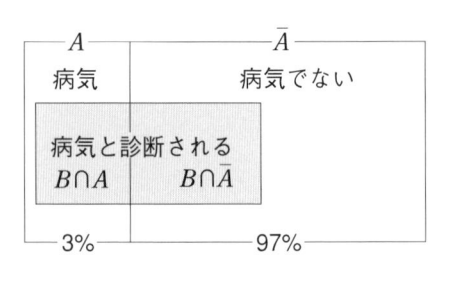

$$P(A|B) = \frac{P(B|A)P(A)}{P(B|A)P(A) + P(B|\overline{A})P(\overline{A})} \quad \cdots (2)$$

となります。そして、題意から

$P(A) = 3\% = 0.03$
$P(\overline{A}) = 97\% = 0.97$
$P(B|A) = 98\% = 0.98$
$P(B|\overline{A}) = 5\% = 0.05$

です。以上の結果を上の(2)式に代入すると、解が得られます。

$$P(A|B) = \frac{0.98 \times 0.03}{0.98 \times 0.03 + 0.05 \times 0.97} = \frac{294}{779} (\fallingdotseq 38\%) \quad \textbf{(答)}$$

例1のときと同様、ベイズの定理を用いて得られた解答と「確率の定義」を用いて解いた答えが一致しました。

「検査法Tで病気」と診断されても、実際に病気なのは約38%の確率です。意外に小さい確率でしょう。「病気の人は98%の確率で『病気』と判断される」という言葉に引きずられ、『病気』と診断された人は悲嘆にくれてしまいます。しかし、この約38%という値はそれほど決定的な確率ではありません。

ベイズの定理は、人間の感性の誤解やパラドックスを解明するのに利用できます。ベイズ理論が社会学や経済学、心理学で利用される理由の一つはここにあるのです。

第2章

5 囚人Aの助かる確率は上がる？

ここでは、ベイズの定理に絡む有名なクイズやパラドックスを紹介していきましょう。

■三囚人の問題

「三囚人の問題」というパラドックスがあります。これをベイズの定理で解明してみましょう。この問題にはいろいろなバリエーションがありますが、次のいちばんわかりやすいバージョンを取り上げることにします。

> （例）3人の死刑囚 A、B、C がいるが、一人だけ無作為に恩赦されることになった。誰が恩赦になるかは看守には知らされたが、囚人たちには知らされていない。そこで囚人 A が看守に対して、「B と C のうち、どちらかは必ず処刑されるのだから、どちらが処刑されるかを教えてくれても、私に情報を与えることにはならないだろう。一人の名を教えてくれないか」と頼んだ。「それは、もっともだ」と思った看守は「囚人 B は処刑される」と教えてやった。囚人 A は「はじめ自分の助かる確率は $\frac{1}{3}$ だった。しかし、助かるのは自分と C のどちらかになったので、助かる確率は $\frac{1}{2}$ になった」と喜んだ。さて、この A の計算は正しいだろうか？
>
> ただし、看守は嘘をつかないこと、囚人 B、C ともに処刑される場合には $\frac{1}{2}$ ずつの確率でどちらかの名前をいうこと、とする。

（解）次のように記号を定義しましょう。

A：A が助かる、 B：B が助かる、 C：C が助かる

S_A：Aが処刑されると看守から教えてもらう

S_B：Bが処刑されると看守から教えてもらう

S_C：Cが処刑されると看守から教えてもらう

「Bが処刑される」と看守から教えてもらう条件のもとで、Aが助かる確率が$\frac{1}{2}$となるのかどうかを調べたいわけです。

題意より、3人とも等しい確率で恩赦を受けることから、

$$P(A) = P(B) = P(C) = \frac{1}{3}$$

です。2人は処刑され、看守は嘘をつかないから、

$$P(S_B|B) = 0、P(S_B|C) = 1$$

となっています。Aが助かる場合は、「Bが処刑される」または「Cが処刑される」を、看守は等確率でいうから、

$$P(S_B|A) = P(S_C|A) = \frac{1}{2}$$

です。求める確率は$P(A|S_B)$なので、本章2項のベイズの定理(3)式に代入します。

$$P(A|S_B) = \frac{P(S_B|A)P(A)}{P(S_B|A)P(A) + P(S_B|B)P(B) + P(S_B|C)P(C)}$$

$$= \frac{\frac{1}{2} \times \frac{1}{3}}{\frac{1}{2} \times \frac{1}{3} + 0 \times \frac{1}{3} + 1 \times \frac{1}{3}} = \frac{1}{3}$$

よって、Aの計算は正しくない **(答)**

　囚人Aの喜びはぬか喜びでした。では、囚人Aの計算にはどこに誤りがあったのでしょうか。それは、看守の発言「囚人Bは処刑される」に確率的な任意性があるからです。

　実際、囚人Aが恩赦になるときに、看守にとっては「囚人Cは処刑」と答えることもできるわけです。「Bは処刑」と、「Cは処刑」と答える確率は半々、

すなわち0.5ずつなのです。

実際、つじつまが合うことを確かめてみましょう。まず、「Bは処刑」の返答があったときにAが恩赦される確率を求めてみましょう。

「Bは処刑」の返答のときにAが恩赦される確率 $= \dfrac{2}{3} \times \dfrac{1}{2} \times 0.5 = \dfrac{1}{6}$

最初の $\dfrac{2}{3}$ は「Bが処刑される」確率、次の $\dfrac{1}{2}$ は「（Cではなく）Aが恩赦される」確率、そして最後の0.5が「（処刑されるB、Cのうち、Cではなく）Bの名が看守の口から出る」確率です。同様に、

「Cは処刑」の返答のときにAが恩赦される確率 $= \dfrac{2}{3} \times \dfrac{1}{2} \times 0.5 = \dfrac{1}{6}$

となります。両方合わせると、$\dfrac{1}{6} + \dfrac{1}{6} = \dfrac{1}{3}$ になり、「常識的な確率」$\dfrac{1}{3}$ が得られるのです。

■モンティホール問題

「三囚人の問題」では、新情報を得ても確率は変わりませんでした。それは、主体的な行動ができない囚人であったからですが、新情報をもとに自分がアクションを起こせる場合はどうでしょうか？　このような問題に「モンティホール問題」があります。

次の問題を考えてみましょう。

（例）三つのドアがあり、そのうちどれか一つに賞金が隠されている。回答者は一つのドアを選択し、賞金のあるドアを当てれば、賞金をもらえる。回答者は、一つのドアを選んだ（これをドアAとする）。すると、正解を知っているゲームの出題者は「残っているドアのうち、このドアは違います」といって、はずれのドア（これをドアCとする）を開けた。ここで、回答者はドアAのままにするか、残りのドア（これをドアBとする）に変更するか選択可能である。どちらを選択するのが賞金を獲得する確率が高いか？

解を求める前に、ゲームのルールを確認しておきます。このゲームには、次の約束が前提とされています。

① 三つのドアのどれかに賞金がランダムに入っている。
② 出題者は賞金のあるドアを知っていて、回答者が初めにドアを選んだ時点で必ず賞金のないドアを開ける。もし両方とも賞金がなければ、等確率で開けるドアを決める。

(解) 次のようにA、Bを定義します。

A：ドアAが当たり、　B：ドアBが当たり、

さらに、「ドアCが開く」ことをDとします。求めたいのは、このDのもとでAとBが起こる確率$P(A|D)$、$P(B|D)$です。本章2項のベイズの定理(3)式に代入します。

$$P(A|D) = \frac{P(D|A)P(A)}{P(D|A)P(A)+P(D|B)P(B)} = \frac{\frac{1}{2}\times\frac{1}{3}}{\frac{1}{2}\times\frac{1}{3}+1\times\frac{1}{3}} = \frac{1}{3}$$

$$P(B|D) = \frac{P(D|B)P(B)}{P(D|A)P(A)+P(D|B)P(B)} = \frac{1\times\frac{1}{3}}{\frac{1}{2}\times\frac{1}{3}+1\times\frac{1}{3}} = \frac{2}{3}$$

よって、「ドアBに変更する」ほうが賞金を獲得する確率が倍になる　(答)

最初の状態では、どのドアも賞金が隠されている確率は$\frac{1}{3}$（下図左）でした。この状態では、ドアAで当たる確率、および残りのドアB、Cどちらかに当たる確率は各々$\frac{1}{3}$、$\frac{2}{3}$です。

次に、「はずれ」のドアCが開かれますが、残りのドアBに賞金が隠されている確率はそのまま$\frac{2}{3}$と不変です。したがって、ドアBを選択し直したほうが賢明なのです。

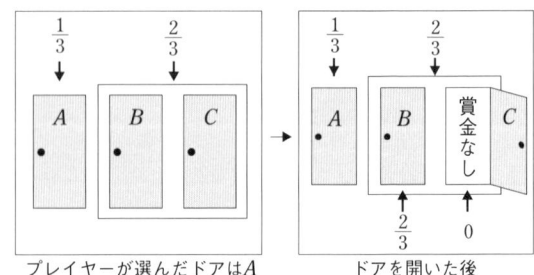

第2章

6 ベイズフィルターで迷惑メールをシャットアウト！

　ここでは、ベイズの定理の実用的な応用である**ベイズフィルター**（ベイジアンフィルターともいいます）について調べることにします。

　ベイズフィルターとは、ベイズの定理を利用して、不要な情報を排除する確率を高める技法です。ここでは、その代表的な応用例である「迷惑メール（スパムメール）」の排除法を見てみましょう。

■迷惑メールに含まれる言葉

　具体的に、「グラビア」という文字が含まれるメールが迷惑メールかどうかの判断法を調べてみます。

　周知のように、「グラビア」という文字が含まれるメールの多くはアダルト関係の迷惑メールです。知らない差出人から「美少女グラビア画像を販売」などと書かれたメールを受け取った経験をお持ちの読者は多いのではないでしょうか。

　しかし、印刷用語の意味で「グラビア」という言葉を利用しているメールもあります。そこで、「グラビア」という文字が含まれるメールを、どのようにして迷惑メールか否かを判断するのか、その仕組みを調べてみましょう。

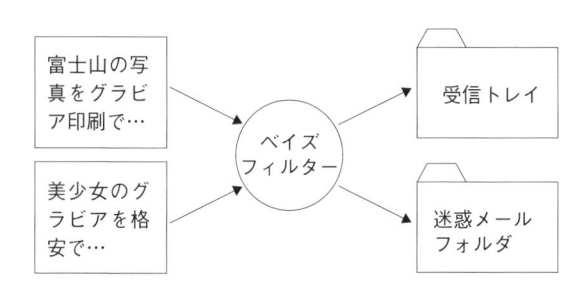

■まずは迷惑メールの情報収集

「グラビア」という文字が含まれるメールが迷惑メールか否かを分類するフィルターをつくるには、その前準備として経験データベースが必要です。すなわち、過去のメールを調べ、「グラビア」という文字が含まれる迷惑メールの数と、そうでない通常のメールの数を調べておくのです。

仮に、100通のメールを調べ、そのうち70通が迷惑メールであり、残りの30通が通常のメールだったとしましょう。そして、その70通の迷惑メールのうち、40通に「グラビア」という文字が含まれていたとします。また、30通の通常メールのうち10通に「グラビア」が含まれていたとします。

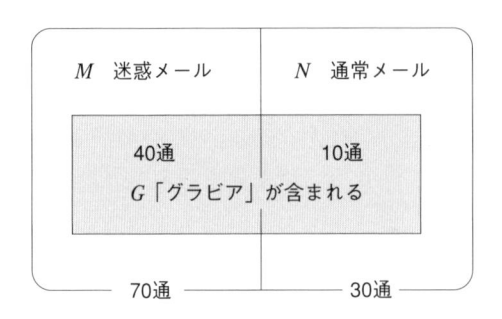

M 迷惑メール	N 通常メール
40通	10通
G 「グラビア」が含まれる	
70通	30通

■ベイズの定理を利用する

これからベイズの定理を利用しますが、いちいち日本語で書くのは大変なので、次のように記号を定義します。

M：1通のメールを受け取ったとき、そのメールが迷惑メールである

N：1通のメールを受け取ったとき、そのメールが迷惑メールでない

G：1通のメールを受け取ったとき、そのメールに「グラビア」という文字が含まれる

では、「グラビア」という文字が含まれる1通のメールを受け取ったとき、それが迷惑メールである確率$P(M|G)$を計算してみましょう。

ベイズの定理から、

$$P(M|G) = \frac{P(G|M)P(M)}{P(G)}$$

となります。ここで、

$P(G) = \frac{40+10}{100} = \frac{50}{100}$、$P(M) = \frac{70}{100}$、$P(G|M) = \frac{40}{70}$

よって、$P(M|G) = \dfrac{\frac{40}{70} \times \frac{70}{100}}{\frac{50}{100}} = \dfrac{40}{50} = 0.8$

です。つまり、「グラビア」という文字が含まれるメールの8割が迷惑メールであることがわかりました。

ちなみに、インターネット上で流通しているメールの約75%が迷惑メールだという統計もあります。

■ベイズフィルターの実際

ベイズフィルターの例では、「グラビア」という文字が含まれるメールのうち、8割が迷惑メールであることがわかりました。

ただし、「グラビア」以外にも、迷惑メールを特徴づける言葉はいろいろあります。そこで、迷惑メールを特徴づける他の言葉についても、上記と同様の確率を求めます。そして、それらの同時確率が一定の値を超えたとき、そのメールを迷惑メールと判断します。これがベイズフィルターを利用した迷惑メール排除法の原理です。

周知のように、迷惑メールの判断には誤りが生じます。次ページのように、通常のメールも迷惑メールに振り分けられてしまうことがあるのです。確率的な判断を利用する限り、これは致し方ないことです。つまり、迷惑メールフォルダに自動振り分けされたメールのなかに、大事な恩師からのメールが入っている可能性もあります。何も見ずに一括削除する前に、ざっとでもいいので目を通す――これはベイズフィルターの仕組みを勉強したからこその知恵かもしれませんね。

（注）下図はマイクロソフト社のメールソフトOutlookです。Outlookはベイズフィルターの仕組みだけで迷惑メールを判断しているわけではありません。

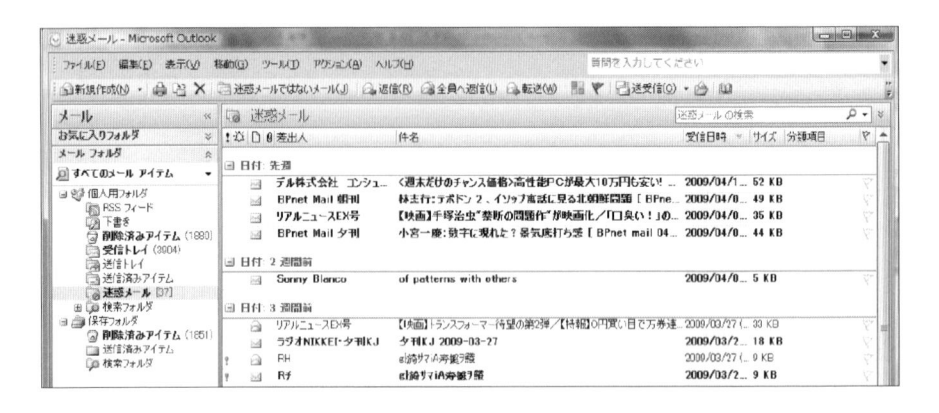

MEMO フィルター逃れ

　フィルターを逃れるために、迷惑メールにはいろいろな「技」が使われています。たとえば、「グラビア」という言葉がフィルターに引っ掛かると知ると、迷惑メールを送る側は、たとえば次のように文字を修飾します。

　　　グ・ラ・ビ・ア

こうするだけで、単純なフィルターの目を潜り抜けてしまうのです。

7 ベイジアンネットワークの効用とは？

ベイズの定理の応用として、近年脚光を浴びているのが**ベイジアンネットワーク**です。**ベイズネットワーク**、**信念ネットワーク**、**ビリーフネットワーク**などの呼び方もあります。

■ベイジアンネットワークとは

ベイジアンネットワークは、原因と結果の関係をかんたんな図で表現し、確率的な現象の推移をグラフィカルに表現したものです。

ベイジアンネットワークの有名な例として、「泥棒と警報器」問題を取り上げてみましょう。

泥棒（Burglar）が入ると、その振動で警報器（Alarm）が鳴り、警察（Police）か警備会社（Security）に通報されるという確率現象です。警報器は、泥棒の侵入以外に、地震（Earthquake）でも鳴ると仮定します。これを示した原因と結果の推移図が右図です。

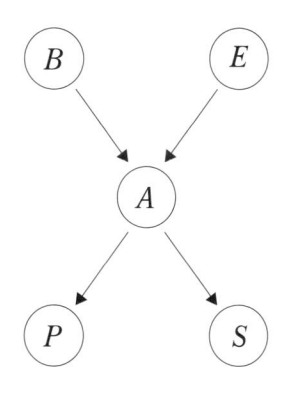

図のなかの○は**ノード**（node）と呼ばれます。なかの文字は確率変数を表わします。たとえば、この図のなかのⒷにある変数名Bは、泥棒が侵入したときに値1を取り、そうでないときに値0を取る確率変数です。

Ⓔ、Ⓐ、Ⓢ、Ⓟについても同様です。Eは地震の有無で1と0、Aは警報器が鳴る・鳴らないで1と0、Sは警備会社に通報する・しないで1と0、Pは警察に通報する・しないで1と0、を値として取る確率変数です。

図のなかの矢印は原因と結果、すなわち因果関係を表わします。原因から結

果に矢印が向けられます。矢印には条件付き確率が付与されますが、それについては次の項で調べます。

この図で、たとえばⒷ、ⒺからⒶに矢印が向けられていますが、このときⒷ、ⒺをⒶの**親ノード**、ⒶをⒷ、Ⓔの**子ノード**といいます。

さて、ベイジアンネットワークの大きな特徴は**マルコフ条件**と呼ばれるものです。この条件は各ノードの確率変数の分布が、そのノードの親ノードの条件付き確率のみで表わされるということです。4章以降で調べるマルコフ連鎖（MC）と同じアイデアです。

■ベイジアンネットワークには確率が与えられる

まずはかんたんな例として、先の「泥棒と警報器」問題の一部を取り出し、その計算法を紹介しましょう。

先にも述べたように、Ⓐ、Ⓑ、Ⓔは確率変数ですが、Ⓑ、Ⓔに向けられた矢印はありません。そこで、計算で求めるわけにはいかないのであらかじめ値を設定する必要があります。

また、矢印は因果関係を表わしているので、関係を定める確率（すなわち、条件付き確率）が必要です。それをまとめたものが次の図です。

B	$P(B)$
0	0.999
1	0.001

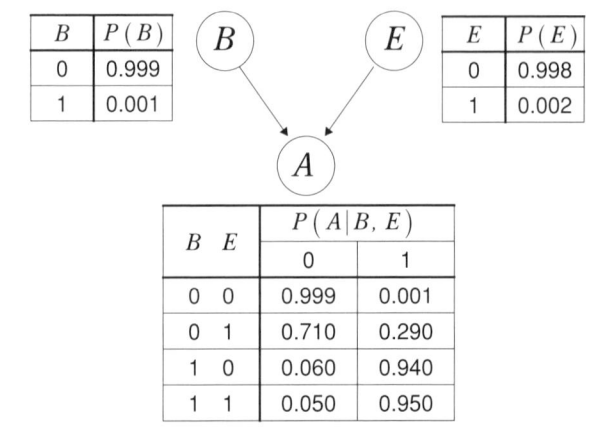

E	$P(E)$
0	0.998
1	0.002

B	E	$P(A\|B,E)$	
		0	1
0	0	0.999	0.001
0	1	0.710	0.290
1	0	0.060	0.940
1	1	0.050	0.950

■ベイジアンネットワークの計算例

　準備ができたので、典型的な計算例を一つ紹介します。「泥棒と警報器」のベイジアンネットワークの例で、確率変数Aが1であるとしましょう。「警報器が鳴った」のです。このとき、泥棒が入った（$B=1$）のか、地震が起こったのか（$E=1$）を判断してみます。

　もちろん、確率現象の世界ですから、明確に「どちら」とは判断できません。そこで、確率の値を算出して、それでBかEかを判断するのです。すなわち、$P(B=1|A=1)$、$P(E=1|A=1)$を求め、比較するわけです。大きい確率の値のほうが信頼できる情報となります。

　ちなみに、$P(B=1|A=1)$、$P(E=1|A=1)$は条件付き確率で、次の意味を持ちます。

　$P(B=1|A=1)$…警報器が鳴ったときに、泥棒が入った確率
　$P(E=1|A=1)$…警報器が鳴ったときに、地震が起こった確率

　この確率の値を、ベイジアンネットワークでは**信頼度**（belief）といいます。

　今後は表記をかんたんにするために、$A=1$の事象をAで、$A=0$の事象を$\overline{A}$で表わします。他の確率変数についても同様です。たとえば、$E=1$の事象はEで、$E=0$の事象は$\overline{E}$で表わすことにします。

　では、ベイズの定理から、実際に確率を計算してみましょう。

$$P(B|A) = \frac{P(A|B)P(B)}{P(A)} = \frac{0.94002 \times 0.001}{0.00252} = 0.37302\cdots \fallingdotseq 37\% \quad \cdots(1)$$

$$P(E|A) = \frac{P(A|E)P(E)}{P(A)} = \frac{0.29066 \times 0.002}{0.00252} = 0.23068\cdots \fallingdotseq 23\% \quad \cdots(2)$$

　ここでは、分子、分母のなかの0.00252、0.94002、0.29066は次のことを利用しています。乗法定理（本章1項）から、

$$P(A) = P(A \cap B \cap E) + P(A \cap \overline{B} \cap E) + P(A \cap B \cap \overline{E}) + P(A \cap \overline{B} \cap \overline{E})$$
$$= P(A|B \cap E)P(B \cap E) + P(A|\overline{B} \cap E)P(\overline{B} \cap E)$$
$$+ P(A|B \cap \overline{E})P(B \cap \overline{E}) + P(A|\overline{B} \cap \overline{E})P(\overline{B} \cap \overline{E})$$
$$= 0.950 \times 0.001 \times 0.002 + 0.290 \times 0.999 \times 0.002 + 0.940 \times 0.001 \times 0.998$$
$$+ 0.001 \times 0.999 \times 0.998 = 0.00252$$

けっこう、めんどうな計算でした。しかし、計算そのものはシンプルです。

$$P(A|B) = P(A|B \cap \overline{E})P(\overline{E}) + P(A|B \cap E)P(E)$$
$$= 0.940 \times 0.998 + 0.950 \times 0.002 = 0.94002$$

残り一つも計算してみましょう

$$P(A|E) = P(A|\overline{B} \cap E)P(\overline{B}) + P(A|B \cap E)P(B)$$
$$= 0.290 \times 0.999 + 0.950 \times 0.001 \fallingdotseq 0.29066$$

多くのベイジアンネットワークの文献には、同時確率 $P(B \cap E)$ を $P(B,E)$、$P(A \cap B \cap E)$ を $P(A,B,E)$、などと簡略に表わしています。

話を戻しましょう。(1)、(2)式から $P(B=1|A=1)$ が37%、$P(E=1|A=1)$ が23%なので、警報器が鳴ったときに泥棒の侵入が原因であることは、地震が原因であることよりも、確率的に $\dfrac{37\%}{23\%} \fallingdotseq 1.61$ 倍と、高いことがわかりました。

ついでに、警報器が鳴ったとき、泥棒が侵入し、しかも地震も起こったとする確率 $P(B \cap E|A)$ を求めておきましょう。ベイズの定理から、

$$P(B \cap E|A) = \frac{P(A|B \cap E)P(B \cap E)}{P(A)} = \frac{0.950 \times 0.001 \times 0.002}{0.00252} \fallingdotseq 0.075\%$$

泥棒の侵入と地震が同時に起こる確率は、$P(B|A)$ の37%、$P(E|A)$ の23%

に比べて、非常に小さい確率です。

この例からわかるように、いくつかのノードの確率変数の値が観測されたとき、観測されていないノードの確率を算出できます。ベイジアンネットワークを利用すると、確率的な予測や判断をかんたんに行なうことができるのです。

■もう少し複雑な例

もう少し複雑な例を考えてみましょう。今度は、警備会社(S)に通報が来たとき、それが泥棒(B)による場合の確率$P(B|S)$を求めてみます。

警報器(A)が鳴ったときの警備会社に通報するかどうかの確率分布は、次の図のように与えられているとします（最初の図も一緒にまとめました）。

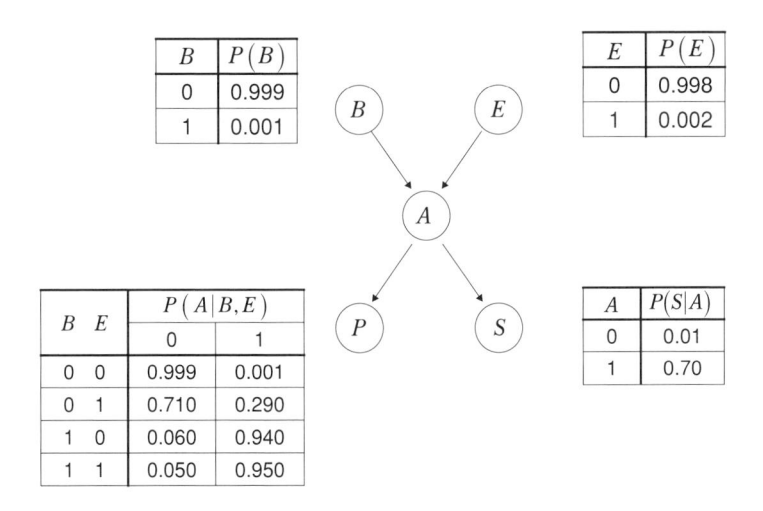

B	$P(B)$
0	0.999
1	0.001

E	$P(E)$
0	0.998
1	0.002

B	E	$P(A|B,E)$ 0	$P(A|B,E)$ 1
0	0	0.999	0.001
0	1	0.710	0.290
1	0	0.060	0.940
1	1	0.050	0.950

A	$P(S|A)$
0	0.01
1	0.70

では、$P(B|S)$を求めてみましょう。条件付き確率の定義から、

$$P(B|S) = \frac{P(B \cap S)}{P(S)} \quad \cdots(3)$$

が導かれます。ここで、先の計算結果と上の図から、$P(S|A) = 0.70$、$P(S|\overline{A}) = 0.01$なので、

$$P(S) = P(S \cap A) + P(S \cap \overline{A})$$
$$= P(S|A)P(A) + P(S|\overline{A})P(\overline{A})$$
$$= 0.70 \times 0.00252 + 0.01 \times (1 - 0.00252) ≒ 0.01174 \quad \cdots (4)$$

$$P(B \cap S) = P(B \cap A \cap S) + P(B \cap \overline{A} \cap S)$$
確率の乗法定理から、
$$P(B \cap S) = P(B \cap S|A)P(A) + P(B \cap S|\overline{A})P(\overline{A})$$
マルコフ条件からBとSは独立なので、
$$P(B \cap S) = P(B|A)P(S|A)P(A) + P(B|\overline{A})P(S|\overline{A})P(\overline{A})$$
ベイズの定理を利用して、
$$P(B \cap S) = \frac{P(A|B)P(B)}{P(A)}P(S|A)P(A) + \frac{P(\overline{A}|B)P(B)}{P(\overline{A})}P(S|\overline{A})P(\overline{A})$$
$$= P(A|B)P(B)P(S|A) + P(\overline{A}|B)P(B)P(S|\overline{A}) \quad \cdots (5)$$

題意から、次の確率が与えられています。
$$P(B) = 0.001, \quad P(S|A) = 0.70、P(S|\overline{A}) = 0.01 \quad \cdots (6)$$
70ページの式から
$$P(A|B) = 0.94002、P(\overline{A}|B) = 1 - P(A|B) = 1 - 0.94002 = 0.05998 \quad \cdots (7)$$
(5) に (6)、(7) を代入して
$$P(B \cap S) = 0.94002 \times 0.001 \times 0.70 + 0.05998 \times 0.001 \times 0.01 = 0.00066 \quad \cdots (8)$$
目標の(3)式に(4)、(8)式を代入して、
$$P(B|S) = \frac{P(B \cap S)}{P(S)} = \frac{0.00066}{0.01174} = 0.05622 ≒ 5.6\% \quad （答）$$

警備会社に通報が来たときに、それが泥棒の侵入による確率は、意外に小さい数です。これは事前確率$P(B)$が小さいためです。このことは、本章4項の例2でも経験しました。

■ベイジアンネットワークはますます発展する

　ここまで見てきてわかるように、調べたい対象についての確率モデル（すなわちベイジアンネットワーク）を構築することで、ある変数の値が求まったときに、未観測の変数の確率分布を求めることができます。

　世の中の現象の多くは確率的な連鎖です。そして、「実験」「観測」「経験」などという形で、その連鎖する現象の一部についての情報が得られます。これは、まさにベイジアンネットワークが使える局面です。ノードの部分に「実験」「観測」「経験」を置換すればよいのです。

　このように、ベイジアンネットワークは、不確実性をともなう現象の科学的な解明手段として、認知科学、機械学習、データマイニング、ロボット工学、ゲノム解析など、現在ではさまざまな分野で活躍しています。

3章
ベイズ統計学の基本

　本章から、ベイズ統計の本流に入ります。統計モデルに含まれる母数（パラメータ）をベイズの定理に取り込むのです。

　3章では、ベイズ統計の基本を調べます。ベイズ統計では、母数が確率変数という形で扱われることに留意してください。

第3章

1 ベイズ統計はシンプルな最強ツール

前章では、ベイズの定理を調べました。これは次の公式で表わされる確率に関する定理です（2章1項）。

$$P(A|B) = \frac{P(B|A)P(A)}{P(B)} \quad \cdots(1)$$

事象Bが起こったときに事象Aが起こる確率を、事象Aが起こったときに事象Bが起こる確率で表現する、すなわち「逆確率」の関係を提示しています。

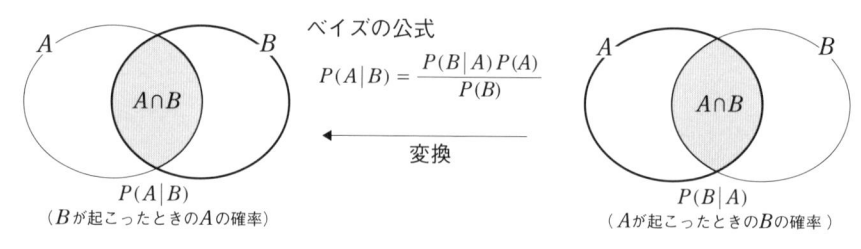

ベイズの公式
$$P(A|B) = \frac{P(B|A)P(A)}{P(B)}$$

変換

$P(A|B)$
（Bが起こったときのAの確率）

$P(B|A)$
（Aが起こったときのBの確率）

また、2章3項の(3)式では、ベイズの定理(1)式から次の公式を導き出しました。

$$P(A_1|B) = \frac{P(B|A_1)P(A_1)}{P(B|A_1)P(A_1)+P(B|A_2)P(A_2)+P(B|A_3)P(A_3)} \quad \cdots(2)$$

これは、事象Bが共通部分のない事象A_1、A_2、A_3で覆われるときに利用される式です。

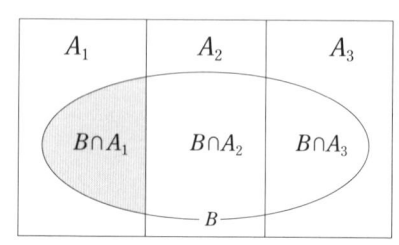

ここではさらに変形を進め、ベイズ統計学に利用できる形を導き出しましょう。

■ベイズの定理の変形

ベイズの定理(1)、(2)式は、A、Bが確率現象の事象を表わすものであれば、どんなときにも成立します。しかし、これらベイズの定理を統計学に応用するためには、もう一歩踏み出し、使いやすい形に絞り込む必要があるのです。具体的には、統計モデルで利用する母数を取り入れることです。

統計学にベイズの定理を応用する第一歩は、(1)式において、Aを仮定に関する事象、Bをその結果の事象と解釈することです。別のいい方をすれば、**Aを原因、Bをデータ**と読み替えるのです。

今後、冗長を避けるために「…の事象」という表記は省略することにします。また、これまではA、Bという文字を利用してきましたが、これからはそれぞれH、Dというローマ字を利用することにします。Hは原因（または仮定（Hypothesis））を、Dはデータ（Data）を表わすことを明示したいからです。このように記述することで、公式のなかの文字の役割がわかりやすくなります。

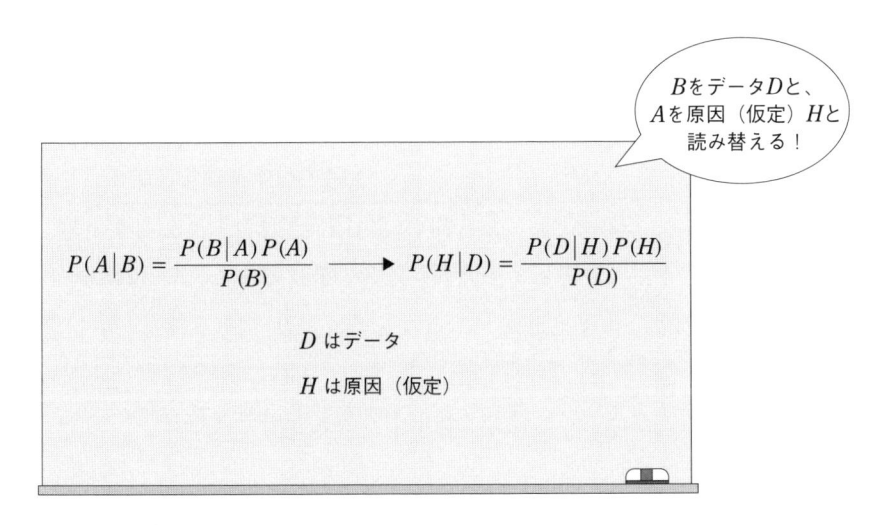

> BをデータDと、Aを原因（仮定）Hと読み替える！

$$P(A|B) = \frac{P(B|A)P(A)}{P(B)} \longrightarrow P(H|D) = \frac{P(D|H)P(H)}{P(D)}$$

D はデータ

H は原因（仮定）

すると、ベイズの定理(1)式は次のように表わされます。

$$P(H|D) = \frac{P(D|H)P(H)}{P(D)} \quad \cdots(3)$$

データ D が得られた後に、その原因となる仮定 H が成立していた確率（原因の確率）を求める公式となるわけです（2章1項）。

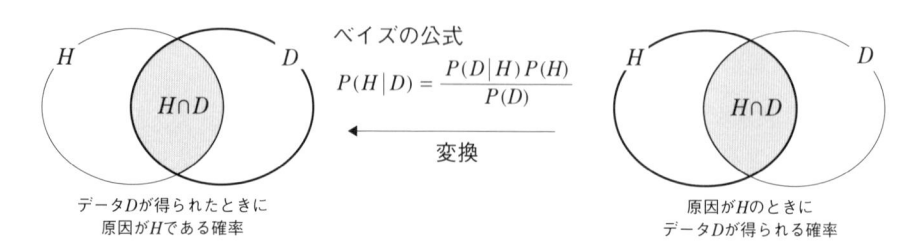

ベイズの公式

$$P(H|D) = \frac{P(D|H)P(H)}{P(D)}$$

変換

データ D が得られたときに原因が H である確率

原因が H のときにデータ D が得られる確率

また、公式(2)は次のように一般化されます。

$$P(H_i|D) = \frac{P(D|H_i)P(H_i)}{P(D|H_1)P(H_1) + P(D|H_2)P(H_2) + \cdots + P(D|H_n)P(H_n)} \quad \cdots(4)$$

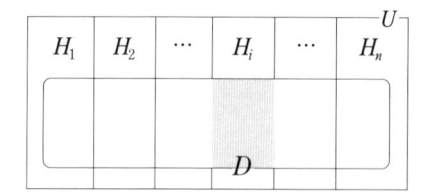

データ D は仮定 H_1、H_2、…、H_n のどれかが原因で得られるとする。

これは、仮定 H がいろいろある場合のベイズの公式です。データ D が得られた後に、その原因となる仮定 H が、ある特定の仮定 H_i である確率を示しているのです。

以上の(3)、(4)式が、ベイズ統計で利用する公式の出発点です。

■例題で確かめてみよう

ベイズ統計の出発点となる(4)式を理解するために、次の例を調べてみます。

> **（例）** 1個の壺がある。壺のなかには白と赤の3個の玉が入っている。そこから玉1個を取り出したとき、それが赤玉であった。壺のなかに入っている赤玉の個数の確率分布を求めよ。

（解） 壺のなかの玉のパターンとして、考えられるのは次の三つの場合です。

壺1　赤玉1個
壺2　赤玉2個
壺3　赤玉3個

i個の赤玉の入っている壺を「壺i」と名付けることにします。

ここで、次のように記号を定義しましょう。

D：壺から玉1個を取り出したとき、それが赤玉である

H_1：壺1から玉1個を取り出す

H_2：壺2から玉1個を取り出す

H_3：壺3から玉1個を取り出す

目標は、確率$P(H_i|D)$を、すべてのiについて求めることです。すなわち、データDが得られたときに「それが壺iからのもの（H_i）であった」確率を、iが1、2、3の場合について求めるのです。

求める確率$P(H_i|D)$は定理(4)式を利用して、次のように書き表わせます。

$$P(H_i|D) = \frac{P(D|H_i)P(H_i)}{P(D|H_1)P(H_1)+P(D|H_2)P(H_2)+P(D|H_3)P(H_3)} \quad \cdots (5)$$

集合のイメージにすると、次の図のように示せます。

H_1: 壺1	H_2: 壺2	H_3: 壺3

D: 赤玉

では、(5)式の右辺にある分子・分母の確率を求めてみましょう。

右辺にある条件付き確率$P(D|H_i)$ (i=1、2、3) は「赤玉がi個入った壺iから赤玉1個を取り出す確率」ですから、次の表のようにまとめられます。

壺の種類	壺1	壺2	壺3
記号	$P(D|H_1)$	$P(D|H_2)$	$P(D|H_3)$
確率	$\dfrac{1}{3}$	$\dfrac{2}{3}$	$\dfrac{3}{3}$

次に、分子・分母にある確率$P(H_1)$、$P(H_2)$、$P(H_3)$を求めてみましょう。これらは壺1、壺2、壺3のどの壺が選択されるかを表わす確率です。これらの確率は問題では与えられていません。そこで、すべて等確率と解釈するしかありません（この決め方の原理を**理由不十分の原則**といいます）。したがって、

$$P(H_1) = P(H_2) = P(H_3) = \frac{1}{3}$$

となります。

(注) どの壺をどのように選択するかについて、前もって何らかの情報があれば、ここでその確率を取り入れられます。それがベイズ統計のメリットの一つです（2章3項）。

以上の結果から、(5)式の右辺の各項を求めることができます。

$$P(D|H_1)P(H_1) = \frac{1}{3} \times \frac{1}{3} = \frac{1}{9}、\quad P(D|H_2)P(H_2) = \frac{2}{3} \times \frac{1}{3} = \frac{2}{9}$$

$$P(D|H_3)P(H_3) = \frac{3}{3} \times \frac{1}{3} = \frac{3}{9}、\quad 分母 = \frac{1}{9} + \frac{2}{9} + \frac{3}{9} = \frac{2}{3}$$

これで目的の$P(H_i|D)$を求める準備が整いました。壺のなかに入っている赤玉の個数の確率分布$P(H_i|D)$が求められるのです。実際、(5)式に上の結果を代入します。

$$P(H_1|D)=\frac{\frac{1}{3}\times\frac{1}{3}}{\frac{2}{3}}=\frac{1}{6}、P(H_2|D)=\frac{\frac{2}{3}\times\frac{1}{3}}{\frac{2}{3}}=\frac{2}{6}=\frac{1}{3}、P(H_3|D)=\frac{\frac{3}{3}\times\frac{1}{3}}{\frac{2}{3}}=\frac{3}{6}=\frac{1}{2}$$

壺のなかの赤玉の個数	1	2	3	計
確率	$\frac{1}{6}$	$\frac{1}{3}$	$\frac{1}{2}$	1

これが目的の確率分布です（**答**）

■尤度、事前確率、事後確率

もう一度、この例題で利用した(5)式を見てみましょう。

$$P(H_i|D)=\frac{P(D|H_i)P(H_i)}{P(D|H_1)P(H_1)+P(D|H_2)P(H_2)+P(D|H_3)P(H_3)} \quad \cdots(5)$$

右辺の分子にある$P(H_i)$は「玉を取り出す前に壺iが選択される確率」なので、**事前確率**と呼ばれます。なお、分母にも$P(H_i)$が存在しますが、これは他のすべての仮定と足し合わされるので、大きな意味を持たなくなります。

左辺の$P(H_i|D)$は「赤玉が取り出された後に、それが壺iのものである確率」なので**事後確率**と呼ばれます（2章1項）。

さらに、ここで初めて登場するのですが、右辺の分子にある$P(D|H_i)$は「壺iが選択されたときに、そこから赤玉が取り出される確率」という意味です。この意味で$P(D|H_i)$を仮定H_iの**尤度**といいます。

[赤玉が取り出された後に、それが壺 i のものである確率（**事後確率**）]　[壺 i が選択されたときに、そこから赤玉が取り出される確率（**尤度**）]　[玉を取り出す前に壺 i が選択される確率（**事前確率**）]

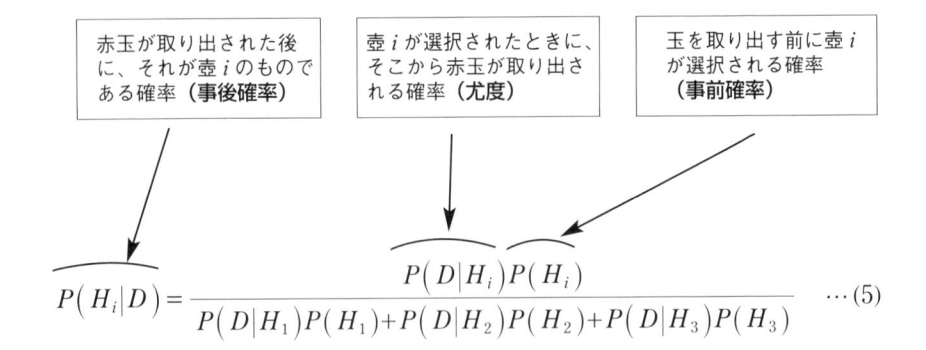

$$P(H_i|D) = \frac{P(D|H_i)P(H_i)}{P(D|H_1)P(H_1)+P(D|H_2)P(H_2)+P(D|H_3)P(H_3)} \quad \cdots (5)$$

　事前確率、事後確率、尤度は、一般的にもそのまま成立します。これをベイズの公式(3)で再度確認しましょう。

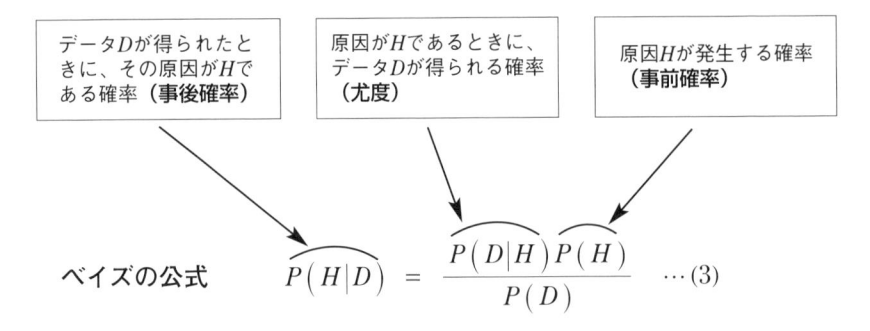

[データ D が得られたときに、その原因が H である確率（**事後確率**）]　[原因が H であるときに、データ D が得られる確率（**尤度**）]　[原因 H が発生する確率（**事前確率**）]

ベイズの公式　　$$P(H|D) = \frac{P(D|H)P(H)}{P(D)} \quad \cdots (3)$$

2 これがベイズ統計の基本公式

前項ではベイズの定理の基本形（前項の(1)式）から始め、解釈を変えることで次の式を導出しました（前項の(3)式）。

$$P(H|D) = \frac{P(D|H)P(H)}{P(D)} \quad \cdots (1)$$

Hは原因（仮定（Hypothesis））、Dはその原因から得られたデータ（Data）、と解釈しましたね。

■母数（パラメータ）の導入

統計学では**母数**（パラメータともいいます）を推定することが重要なテーマです。母数の例としては平均値や分散が代表的ですが、与えられた資料を分析するための統計モデルの屋台骨となる重要な数です（1章3項）。たとえば、下記の正規分布の母数は平均値μと、分散σ^2です。

正規分布　$\dfrac{1}{\sqrt{2\pi}\sigma} e^{-\frac{(x-\mu)^2}{2\sigma^2}}$ ── 母数（パラメータ）

ベイズの定理を統計学で役立てるには、上記の公式(1)を母数で表わした形にしなければなりませんが、それはかんたんです。母数をθとすると、(1)式の仮定Hを「母数がθの値を取るとき」と読み替えるだけです。

つまり、文章としての仮定Hを、数値としてのθと解釈し直すのです。このとき、ベイズの定理(1)は次のようになります。

$$P(\theta|D) = \frac{P(D|\theta)P(\theta)}{P(D)} \quad \cdots (2)$$

こうして、母数でベイズの定理を表現する武器が得られました。結論からいうと、(1)式で、原因Hを母数の値θに置き換えただけの式です。

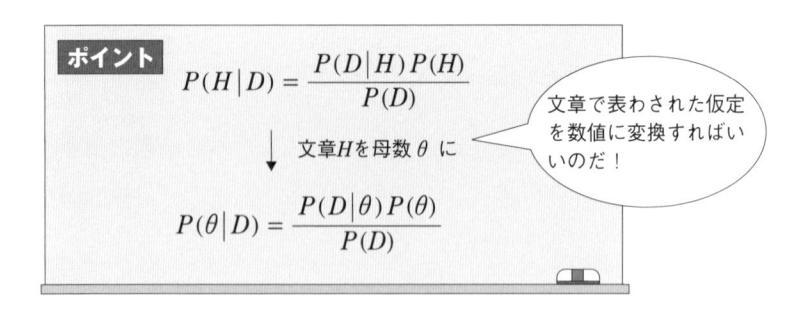

> **ポイント**
> $$P(H|D) = \frac{P(D|H)P(H)}{P(D)}$$
> ↓ 文章Hを母数θに
> $$P(\theta|D) = \frac{P(D|\theta)P(\theta)}{P(D)}$$

（文章で表わされた仮定を数値に変換すればいいのだ！）

■母数が連続変数の場合のベイズの定理

　ところで、(2)式は母数θが離散的な値を取ることを前提とした式です。母数θが連続的な確率変数のときには、(2)式をどのように変更すればよいでしょうか？

　確率変数が連続的なときでも、(2)式の解釈は変わりません。ただ、形式を変更する必要があります。$P(\theta|D)$、$P(D|\theta)$、$P(\theta)$を「確率」とは解釈できなくなるからです。連続的な確率変数では、「θがある値を取るときの確率」は0だからです！

　連続的な確率変数の場合には、これまで「確率」としていたものを「確率密度関数」と読み替える必要があります。そこで、本書では連続的な場合については、次のように記号を置き換え、これまで確率と呼んでいたものを確率分布と読み替えることにします。

（事前確率）$P(\theta)$ → （**事前分布**）$\pi(\theta)$
（　尤度　）$P(D|\theta)$ → （　尤度　）$f(D|\theta)$
（事後確率）$P(\theta|D)$ → （**事後分布**）$\pi(\theta|D)$

ここで、名称が変更されていることに注意してください。前項で、事前確率、尤度、事後確率という言葉を紹介しましたが、連続的な確率変数ではこれら事前確率、事後確率をそれぞれ**事前分布**、**事後分布**といい換えます。

（注）事前分布を**事前確率分布**、事後分布を**事後確率分布**と呼ぶ文献もあります。

以上の新用語、新記号を用いると、ベイズの公式(2)は次のように表わされます。

$$\pi(\theta|D) = \frac{f(D|\theta)\pi(\theta)}{P(D)} \quad \cdots (3)$$

$$P(\theta|D) = \frac{P(D|\theta)P(\theta)}{P(D)} \longrightarrow \pi(\theta|D) = \frac{f(D|\theta)\pi(\theta)}{P(D)}$$

θ が飛び飛びの値を取るとき　　　θ が連続的な値を取るとき

母数 θ の値が連続的になるときには確率を確率密度関数と読み替える！

ここで、もう一度、ベイズの公式(3)で利用されている記号の名称と意味を確認しておきましょう。

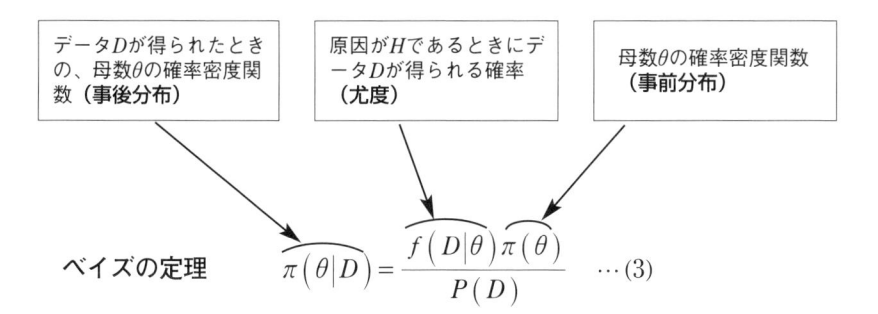

データ D が得られたときの、母数 θ の確率密度関数（**事後分布**）

原因が H であるときにデータ D が得られる確率（**尤度**）

母数 θ の確率密度関数（**事前分布**）

ベイズの定理　　$\pi(\theta|D) = \dfrac{f(D|\theta)\pi(\theta)}{P(D)} \quad \cdots (3)$

■さらにコンパクトに

離散的な確率変数について成立するベイズの定理の(2)式や、連続的な確率変数のときに成立するベイズの定理の(3)式は、どう見ても複雑です。もう少しかんたんに表現してみましょう。

ベイズの定理の(2)や(3)式の分母$P(D)$はデータDの得られる確率です。ところで、ベイズ統計では、データDが得られた後のことを考えるのが普通ですから、それは定数と考えられます。したがって、(2)、(3)式はそれぞれ次のようにかんたんに表現されます。kは母数θを含まない定数として、

$$P(\theta|D) = kP(D|\theta)P(\theta) \quad \cdots (4)$$
$$\pi(\theta|D) = kf(D|\theta)\pi(\theta) \quad \cdots (5)$$

なお、この定数kは確率の総和が1、すなわちθのすべてについて和（積分）が1になる、という性質を利用して決められます。これを**規格化の条件**といいます（1章3項）。

さて、ベイズ統計の実際では、母数は連続的な場合を考えるのが一般的です。そこで、本書では(5)式だけをベイズ統計の公式とします。

(5)式は繰り返し使う場合があるので、そのたびに比例定数kを明示していては面倒になります。そこで、上の(5)式を次のようにかんたんに表現することにします。

ベイズ統計の基本公式

事後分布は尤度と事前分布の積に比例する。すなわち、

$$\text{事後分布}\,\pi(\theta|D) \propto \text{尤度}\,f(D|\theta) \times \text{事前分布}\,\pi(\theta) \quad \cdots (6)$$

（注）記号$\propto$は「左辺は右辺に比例する」という意味です。

今後は、この(6)式を**ベイズ統計の基本公式**と呼ぶことにします。ベイズ統計の出発点となる大切な公式なので、しっかりと記憶してください。

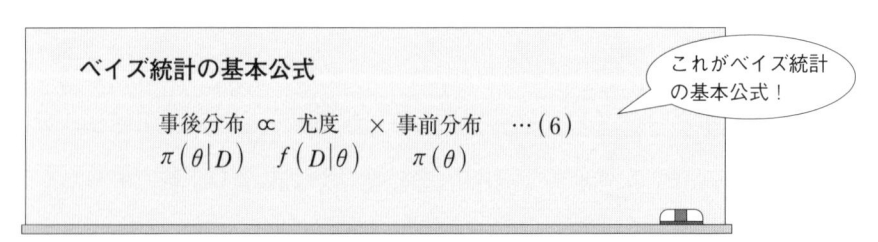

ベイズ統計の基本公式

$$\begin{array}{cccc} \text{事後分布} & \propto & \text{尤度} & \times \text{事前分布} \quad \cdots (6) \\ \pi(\theta|D) & & f(D|\theta) & \pi(\theta) \end{array}$$

これがベイズ統計の基本公式！

ちなみに、論理の流れから明らかなように、θが複数の母数を表わす場合にも、ベイズ統計の基本公式(6)はそのまま成立します。

■例題を解いてみよう

「ベイズ統計の基本公式」を理解するために、実際に問題を解いてみましょう。

> （例）菓子Aの製造ラインからつくられる製品の重さの平均値μを調べるために、三つの製品を取り出したところ、99g、100g、101gであった。これまでの検査によって、このラインから製造される製品の重さの分散は3であることがわかっている。また、昨年の経験から、平均値μは平均値100、分散1の正規分布に従っていると想像される。このとき、菓子Aの重さの平均値μの事後分布を求めよ。

（解）統計モデルを支える母数は平均値μです。得られたデータD（すなわち99、100、101）は平均値μ、分散3の正規分布に従うので、尤度$f(D|\mu)$は次のように表わされます。

$$尤度 = \frac{1}{\sqrt{2\pi \times 3}} e^{-\frac{(99-\mu)^2}{2 \times 3}} \frac{1}{\sqrt{2\pi \times 3}} e^{-\frac{(100-\mu)^2}{2 \times 3}} \frac{1}{\sqrt{2\pi \times 3}} e^{-\frac{(101-\mu)^2}{2 \times 3}}$$

基本公式(6)のθに相当するのが、ここではμです。

また、去年の経験から、母数μの事前分布$\pi(\mu)$は平均値100、分散1の正規分布に従っていると仮定できるので、

$$事前分布 = \frac{1}{\sqrt{2\pi}} e^{-\frac{(\mu-100)^2}{2}}$$

となります。よって事後分布$\pi(\mu|D)$は「ベイズ統計の基本公式」(6)から

事後分布 $\propto$ 尤度 $\times$ 事前分布

$$\propto \frac{1}{\sqrt{2\pi \times 3}} e^{-\frac{(99-\mu)^2}{2\times 3}} \frac{1}{\sqrt{2\pi \times 3}} e^{-\frac{(100-\mu)^2}{2\times 3}} \frac{1}{\sqrt{2\pi \times 3}} e^{-\frac{(101-\mu)^2}{2\times 3}} \frac{1}{\sqrt{2\pi}} e^{-\frac{(\mu-100)^2}{2}} \quad \cdots (7)$$

さて、めんどうでしょうが、これを計算すると、次のようになります（次ページ＜メモ＞参照）。

$$事後分布 \propto e^{-\frac{1}{2\times \frac{1}{2}}(\mu-100)^2} \quad \cdots (8)$$

これは平均値100、分散$\frac{1}{2}$の正規分布を表わしています（答）

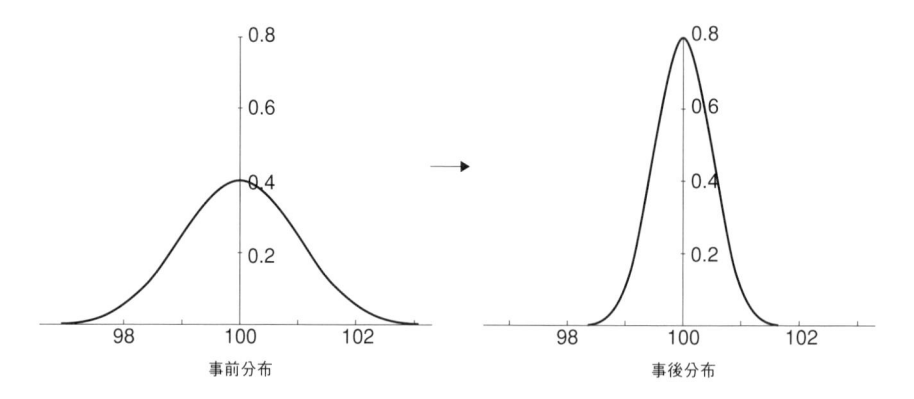

上のグラフは、平均値μについての事前分布と事後分布をグラフに示したものです。平均値100におけるピークがより鋭くなっています。それだけ事前分布で仮定した「平均値100」という「信念」が、ここで得た三つのデータ99、100、101によって深められたことがわかります。

(7)式から(8)式を導く式変形

(7)式から(8)式を導いてみましょう。

事後分布

$$\propto \frac{1}{\sqrt{2\pi \times 3}} e^{-\frac{(99-\mu)^2}{2\times 3}} \frac{1}{\sqrt{2\pi \times 3}} e^{-\frac{(100-\mu)^2}{2\times 3}} \frac{1}{\sqrt{2\pi \times 3}} e^{-\frac{(101-\mu)^2}{2\times 3}} \frac{1}{\sqrt{2\pi}} e^{-\frac{(\mu-100)^2}{2}} \quad \cdots (7)$$

$$\propto e^{-\frac{(99-\mu)^2+(100-\mu)^2+(101-\mu)^2}{2\times 3} - \frac{(\mu-100)^2}{2}}$$

この右辺の e の指数にある分数をまとめてみましょう。

$$\text{分数} = -\frac{1}{2\times 3}\left\{(99-\mu)^2+(100-\mu)^2+(101-\mu)^2\right\} - \frac{1}{2}(\mu-100)^2$$

$$= -\frac{1}{2\times 3}\left\{6(\mu-100)^2+2\right\}$$

これを上の式に代入し、定数部分を無視すると、次のように表わされます。

$$\text{事後分布} \propto e^{-\frac{1}{2\times \frac{1}{2}}(\mu-100)^2} \quad \cdots (8)$$

こうして(8)式が得られます。

第3章

3 コインの問題を考える

前項では、ベイズ統計で利用する基本公式を導き出しました。

$$\text{事後分布}\pi(\theta|D) \propto \text{尤度}f(D|\theta) \times \text{事前分布}\pi(\theta) \quad \cdots(1)$$

以下では、ベイズ統計学の代表的な例題を紹介しながら、この(1)式の使い方を確認しましょう。まず「コインの問題」を見てみます。

> (例) 表の出る確率がθである1枚のコインがある。このコインを4回投げたとき、1回目は表、2回目も表、3回目は裏、4回目も裏が出た。このとき、表の出る確率θの事後分布を調べよ。

上に示したベイズ統計の基本公式(1)の対象となる母数θは「表の出る確率」です。

■尤度を調べてみよう

(1)式にある尤度$f(D|\theta)$は「表の出る確率」θのもとでのDの起こる確率(すなわち、条件付き確率)を表わします。1枚のコインを投げることを考えているので、このDは「表」と「裏」の二つしかありません。「表」の出る確率を$f(\text{表}|\theta)$、「裏」の出る確率を$f(\text{裏}|\theta)$と表わすことにすると、「表の出る確率」θのもとで

$$f(\text{表}|\theta) = \theta \quad \cdots(2)$$
$$f(\text{裏}|\theta) = 1-\theta \quad \cdots(3)$$

となります。

■理由不十分の原則

まず、コインを投げる前を考えましょう。このときの事前分布$\pi(\theta)$はどう設定すべきでしょうか？

現段階では、コインについて何の情報も得ていません。そこで、どんなθの値に対しても、そのθの現われる確率は同じ値になるはずです。すなわち、コインの表の出る確率は、次のような一様分布になるはずです。

$$\pi(\theta) = 1 \qquad (0 \leq \theta \leq 1) \qquad \cdots(4)$$

確率がある値を取る理由がないときには、すべての可能性は均等である、という常識的な判断を式にしたものです。この性質を**理由不十分の原則**と呼びました（本章1項）。

まだコインを投げていない事前分布なので、この(4)式を$\pi_0(\theta)$と表わすことにします。

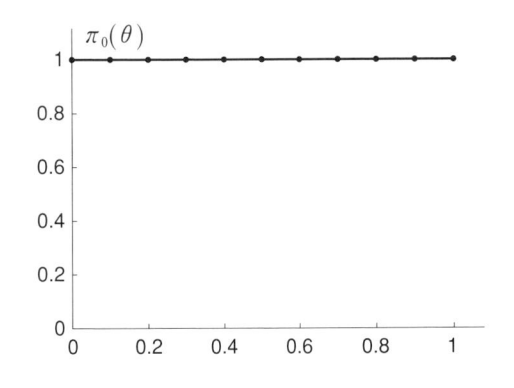

コインを投げる前の事前分布$\pi_0(\theta)$。何も情報がないので、「確率は一様」と考える。これがベイズ統計の柔軟性である。

■「1回目に表が出た」というデータを取り込む

「1回目に表が出る」という事象をD_1とします。すると、尤度は(2)式で表わされます。ベイズ統計の基本公式(1)に尤度(2)式と事前分布(4)式を代入すると、事後分布$\pi(\theta|D_1)$が得られます。

$$1\text{回目の事後分布}\pi(\theta|D_1) \quad \propto \quad \theta \times 1 = \theta$$

$0 \leqq \theta \leqq 1$ で確率の総和が 1 という条件から比例定数が求められます。

$$1 \text{回目の事後分布} \pi(\theta|D_1) = 2\theta \quad \cdots (5)$$

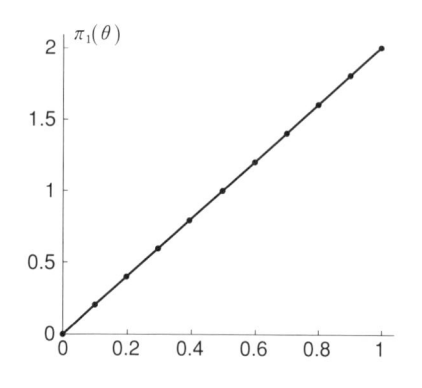

コインを1回投げた後の事後分布 $\pi_1(\theta) = \pi(\theta|D_1)$。「1回目に表が出た」というデータを取り込むことで、グラフのように表が出やすい分布に更新される。

コインを投げる前の事前分布では、何もわからないので表の出る確率は一様な分布(4)でしたが、「1回目に表が出た」という情報（経験）を取り込むことで、表が出やすい分布(5)に更新されたのです！

この事後分布 $\pi(\theta|D_1)$ は、1回目のデータを取り込んだという意味で、$\pi_1(\theta)$ と表わすことにします。すなわち、

$$1 \text{回目の事後分布} \pi_1(\theta) = 2\theta \quad \cdots (6)$$

となります。

■「2回目に表が出た」というデータを取り込む

「2回目は表」というデータ D_2 の尤度は、1回目と同様、(2)式です。また、1回目の結果を踏まえて現れる事象なので、事前分布は(6)式になります。したがって、ベイズ統計の基本公式(1)に(2)、(6)式を代入して、2回目の事後分布 $\pi(\theta|D_2)$ が得られます。

$$2 \text{回目の事後分布} \pi(\theta|D_2) \quad \propto \quad \theta \times 2\theta = 2\theta^2$$

$0 \leqq \theta \leqq 1$ で確率の総和が 1 という条件から比例定数が求められます。

$$2 \text{回目の事後分布} \pi(\theta|D_2) = 3\theta^2$$

これをグラフで示したものが、次の図です。

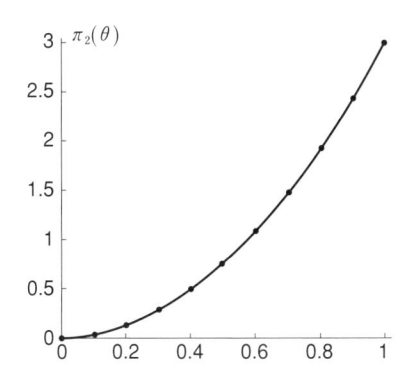

2回目にコインを投げた後の事後分布 $\pi_2(\theta) = \pi(\theta|D_2)$。「2回目に表が出た」というデータを取り込むことで、1回目よりもさらに表が出やすい分布に更新されている。

この事後分布 $\pi(\theta|D_2)$ は、2回目のデータを取り込んだという意味で、$\pi_2(\theta)$ と表わすことにします。すなわち、

$$2\text{回目の事後分布} \pi_2(\theta) = 3\theta^2 \quad \cdots (7)$$

となります。

以上のようにして、データを付け加えるごとに、母数 θ の確率分布が更新されていきます。「母数が一定」と考える古典的な統計学では考えられないアイデアです。これを**ベイズ更新**といいます。

■「3回目、4回目に裏が出た」というデータを取り込む

1、2回目と同様に、「3回目に裏が出た」「4回目も裏が出た」というデータを取り込んだ θ の確率分布の式を求めてみましょう。

ベイズ統計の基本公式(1)に尤度の(3)式と新たな事前分布となる(7)式を代入して、「3回目に裏が出た」というデータ D_3 を取り込んだ事後分布 $\pi_3(\theta)$

$(=\pi(\theta|D_3))$ が得られます。

$$3回目の事後分布 \pi_3(\theta) \propto (1-\theta) \times 3\theta^2$$

$0 \leqq \theta \leqq 1$で確率の総和が1という条件から比例定数が求められます。

$$3回目の事後分布 \pi_3(\theta) = 12(1-\theta)\theta^2$$

同様に、「4回目に裏が出た」というデータD_4を取り込んだ事後分布$\pi_4(\theta)$ $(=\pi(\theta|D_4))$ は次のように求められます。

$$4回目の事後分布 \pi_4(\theta) = 30(1-\theta)^2 \theta^2$$

これらを図示したのが、下図です。

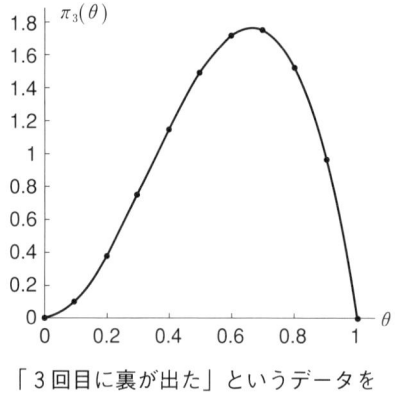

「3回目に裏が出た」というデータを取り込んだ事後分布$\pi_3(\theta)$

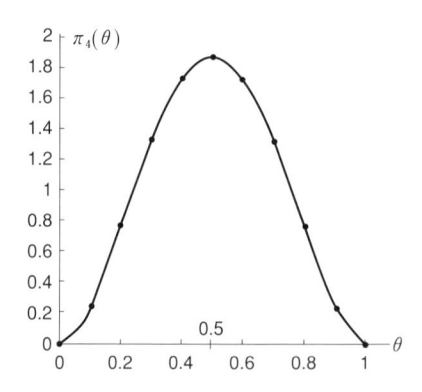

「4回目に裏が出た」というデータを取り込んだ事後分布$\pi_4(\theta)$

■ベイズ推定

さて、確率分布がわかれば、統計的な推定が可能になります。たとえば、上で求めた事後分布$\pi_4(\theta)$を利用して、θの平均値を求めてみましょう。上右のグラフの形からすぐにわかるように、$\theta = 0.5$が平均値になります。このように、事後分布から母数を推定するのが**ベイズ推定**です。

さて、投げたコインが表、表、裏、裏の順になったとき、そのコインの表の出る確率θの平均値が0.5というのは、常識からすると「当たり前」のことだといえます。4回投げて2回表が出たのですから、誰もが「表の出る確率」の平均値を0.5と推定するでしょう。

　ここで主張したいのは、このような直感的な推定とベイズ推定とがピッタリ一致することです。もっと複雑な場合でも、ベイズ推定は私たちの経験や直感に合致した数値を導き出してくれます。

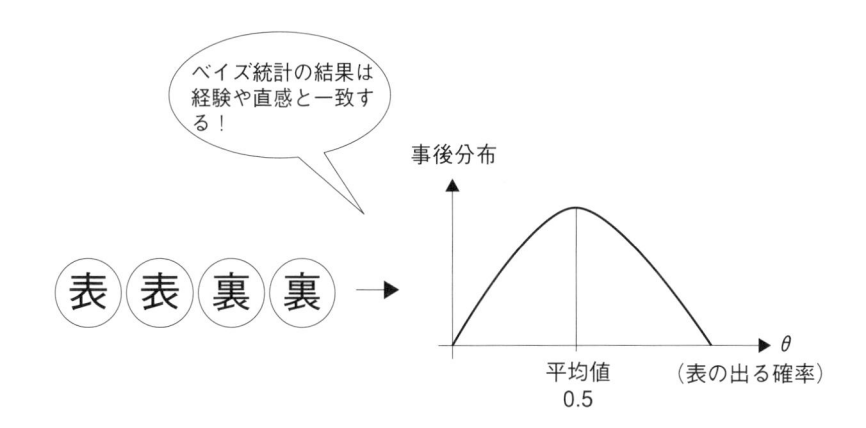

第3章

4 薬の効用問題とは？

前項に続いて、ベイズ統計学の有名な例題を紹介しましょう。ここでは「薬の効用」の問題を取り上げます。

> （例）新薬の効果を調べるために、5人の治験者を抽出した。すると、4人には効き、一人には効かなかった。この新薬の効き具合の分布を調べよ。ここで、効き具合は、抽出された一人の個人に新薬が効く確率を示す。母集団全員に有効なときには1、誰にも効かないときには0である。

この例においては、ベイズ統計の基本公式の母数θにあたるものは「効く確率θ」です。

■尤度を調べてみよう

ベイズ統計の基本公式(1)にある尤度$f(D|\theta)$は、「効く確率」θのもとで、データD（5人の治験者中4人に効き、一人に効かないこと）の起こる確率です。二項分布の考え方（1章3項）から、これは次のように表わされます。

$$\text{尤度 } f(D|\theta) = {}_5C_4 \theta^4(1-\theta) \qquad (0 \leqq \theta \leqq 1) \quad \cdots(2)$$

■理由不十分の原則

治験するまでは、θについての情報はありません。「効きそうだから、θは0.5より大きいだろう」などという予断は許されないのです。したがって、ベイズ統計の基本公式(1)の事前分布$\pi(\theta)$は一様分布と考えるしかありません。

事前分布 $\pi(\theta)$ = 定数

理由がないときには「すべての可能性は均等である」という性質を**理由不十分の原則**と呼ぶことは、すでに調べました（3章1項、3項）。

θ は効き具合を示す確率で0と1の間の数です。したがって、確率の総和が1という条件から、この「定数」は1となります。

$$\text{事前分布 } \pi(\theta) = 1 \qquad (0 \leq \theta \leq 1) \quad \cdots(3)$$

■事後分布を求めよう

ベイズ統計の基本公式(1)に、以上のことを代入し、事後分布 $\pi(\theta|D)$ を求めてみましょう。

$$\text{事後分布}\,\pi(\theta|D) \;\propto\; {}_5C_4\theta^4(1-\theta)\times 1 \;\propto\; \theta^4(1-\theta) \quad \cdots(4)$$

確率の総和が1であることから、比例定数は30となるので、

$$\text{事後分布}\,\pi(\theta|D) = 30\theta^4(1-\theta) \quad \cdots(5)$$

となります。これが目標の式、すなわち事後分布の形です。下図は、この事後分布のグラフを示しています。

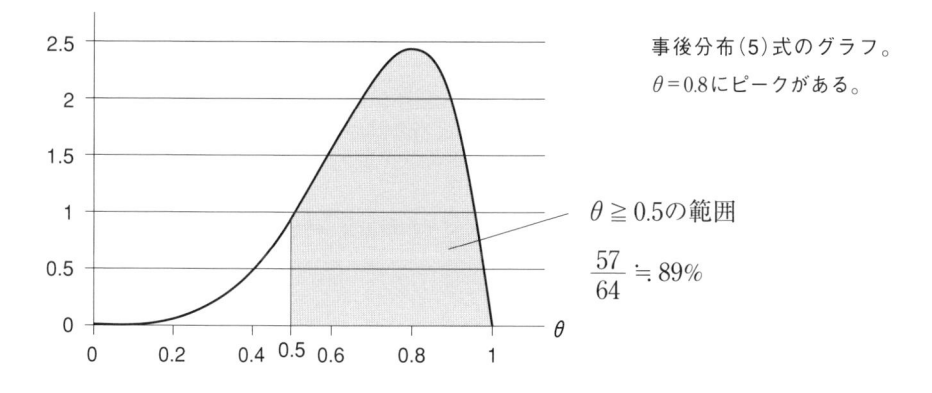

事後分布(5)式のグラフ。$\theta=0.8$ にピークがある。

$\theta \geq 0.5$ の範囲
$\dfrac{57}{64} \fallingdotseq 89\%$

■ **分析してみよう**

5人中4人に効果があった新薬ですから、直感的には「この新薬には効果がある」と考えられます。その直感を前ページのグラフが明快に示しています。実際、「薬が効く」を示す$\theta \geq 0.5$の範囲が示されています。計算すると、この部分の面積は$\frac{57}{64}$（＝約89％）となります（下記（注）参照）。かなりの高確率です。データDからは、この新薬の有効性が期待されます。

（注） $\theta \geq 0.5$の確率は、$\int_{0.5}^{1} \pi(\theta|D) d\theta = \int_{0.5}^{1} 30\theta^4 (1-\theta) d\theta = \frac{57}{64} \fallingdotseq 0.89$

■ **自然な共役分布**

事後分布(5)式は、尤度(2)式と事前分布(3)式をベイズ統計の基本公式(1)に代入し、「確率の総和が1」という条件（規格化の条件）から求められました。

$$\text{事後分布}\pi(\theta|D) = 30\theta^4(1-\theta) \quad \cdots(5)$$

さらに、この事後分布から平均値も積分を利用してかんたんに計算できます。

$$\text{平均値} = \int_0^1 \theta \pi(\theta|D) d\theta = 30\int_0^1 \theta^5(1-\theta) d\theta = \frac{5}{7} \quad \cdots(6)$$

このように、事後分布(5)式の形がすぐに求められ、平均値もかんたんに計算できることには理由があります。事前分布(3)式が尤度(2)式と「相性がよい」からです。

もう少し一般的に調べてみましょう。事後分布(5)式の形がかんたんに求められた理由は、事前分布として採用した一様分布(3)式がベータ分布$Be(\alpha, \beta)$の一員だったからです。

ここで、θがベータ分布$Be(\alpha, \beta)$に従うとは、その分布が次の確率分布$f(\theta)$を持つことをいいます（1章3項）。

$$f(\theta) = \text{定数} \times \theta^{\alpha-1}(1-\theta)^{\beta-1} \quad \cdots(7)$$

（注）このベータ分布の「定数」はベータ関数$B(\alpha, \beta)$の逆数になります。
つまり、(3)式はこのベータ分布の$\alpha = \beta = 1$の場合だったのです！

　一般的に、二項分布に従うデータから得られる尤度に対して、ベータ分布は相性がよいことが知られています。実際、(4)式の形の尤度と事前分布の(7)式との積は、かんたんな指数計算になります。

　そして、得られる事後分布は再び(7)式の形式に帰着します。ベータ分布の事前分布に対して、事後分布は再びベータ分布になるのです。

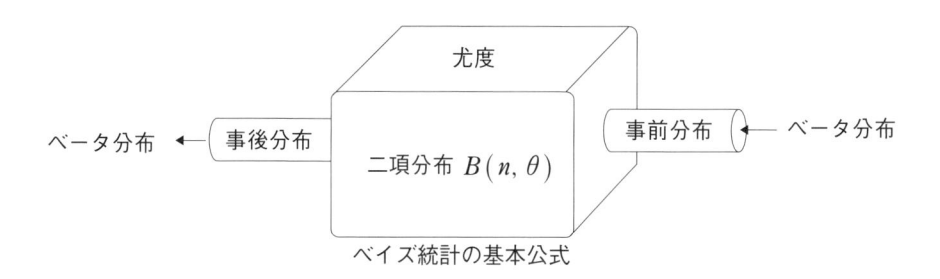

ベータ分布 ← 事後分布 ← 二項分布 $B(n, \theta)$ ← 事前分布 ← ベータ分布（尤度）

ベイズ統計の基本公式

　このように、尤度に掛け合わせることで、事前分布が同じ種類の事後分布に変換されるとき、その事前分布を尤度の**自然な共役分布**といいます。また、**自然共役な事前分布**と呼ぶこともあります。

　ベイズ統計に表われる数式は、一般的にかなり複雑になります。したがって、ベイズ統計の問題を数学的にスッキリ解くには、モデルから得られる尤度に対して、この「自然な共役分布」を用いることが一つの解決策になります。このことについては、次章で詳しく調べることにしましょう。

MEMO ベイズ更新と逐次合理性

　ベイズ統計学の基本公式を利用すると、母数の分布がデータを得るたびに更新されます。これを**ベイズ更新**といいます（3章3項）。

　さて、ここに2組のデータA、Bがあるとしましょう。ここで問題が生じます。データAを用いてベイズ更新を行なった後に、データBを用いてベイズ更新を行なった結果と、データBを用いてベイズ更新を行なった後に、データAを用いてベイズ更新を行なった結果とが一致するか、という問題です。

　幸運なことに、ベイズ統計では、これらの結果は一致します。更新の順序によって変化することはありません。これを**逐次合理性**と呼びます。ベイズ統計が扱いやすい理由の一つです。

4章

ベイズ統計学の応用

本章からは、ベイズ統計の応用・発展に入ります。この章では実際の計算に必要な技法を解説します。多少数学の計算が煩雑ですが、ベイズ統計には必要な内容なので、我慢して読み進めてください。

なお、本章以降では、式をかんたんにするために、事前分布、尤度、事後分布の関数記号 $\pi(\theta)$、$f(D|\theta)$、$\pi(\theta|D)$ を（必要がある場合を除いて）明示しないことにします。少しでも文章の流れをスムーズにしたいからです。

第4章

1 ベイズ統計と自然な共役分布

■自然な共役分布か、MCMCか!?

ベイズ統計では、母数の推定などの統計的計算は、ベイズ統計の基本公式

$$事後分布 \propto 尤度 \times 事前分布 \quad \cdots(1)$$

の左辺にある事後分布を利用します。事後分布が主役なのです。

ところで、一般的に基本公式(1)式から得られる事後分布は複雑であり、それを利用した計算は大変なものになります。たとえば、尤度が二項分布の形、事前分布が指数分布の形をしていたとしましょう。

$$尤度 = {}_nC_r \theta^r (1-\theta)^{n-r}、事前分布 = \lambda e^{-\lambda \theta}$$

すると、母数θの平均値の計算は次のようになります。

$$\theta の平均値 = \frac{\int_0^1 \theta \times \theta^r (1-\theta)^{n-r} e^{-\lambda \theta} d\theta}{\int_0^1 \theta^r (1-\theta)^{n-r} e^{-\lambda \theta} d\theta}$$

計算する気が失せてしまうでしょう!

そこで次の二つの考え方が登場します。

・多少無理があっても公式でかんたんに計算できるモデルをつくってしまう
・多少計算に正確さが欠けても複雑なモデルをそのまま扱う

前者の考え方から生まれるのが**自然な共役分布**の活用です。後者の考え方から生まれるのが**MCMC法**の活用です。

「自然な共役分布」の活用は、前章の最後で触れました。事前分布と事後分布が同じタイプの分布になるように、尤度と事前分布とをマッチングさせる方法です。このような統計モデルを採用することで、事後分布や、それに伴う統計量の算出が公式を使ってかんたんにできます。

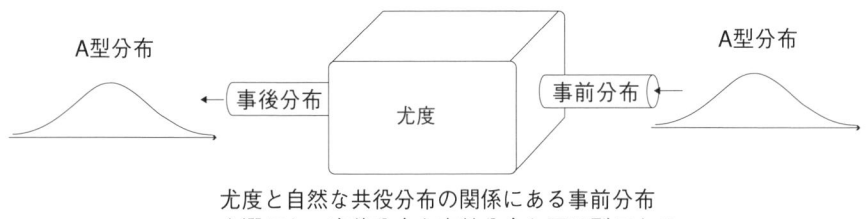

A型分布　←事後分布← 尤度 ←事前分布← A型分布

尤度と自然な共役分布の関係にある事前分布
を選ぶと、事後分布も事前分布と同じ型になる

　それに対して、MCMC法の活用では、事後分布が複雑であることを許します。事後分布が複雑でも、その関数に似せた点列を抽出（サンプリング）し、計算をその点列の和に置き換え、強引に実行するのです。近年のコンピュータ（特にパソコン）の発展に負うところが大きい方法です。

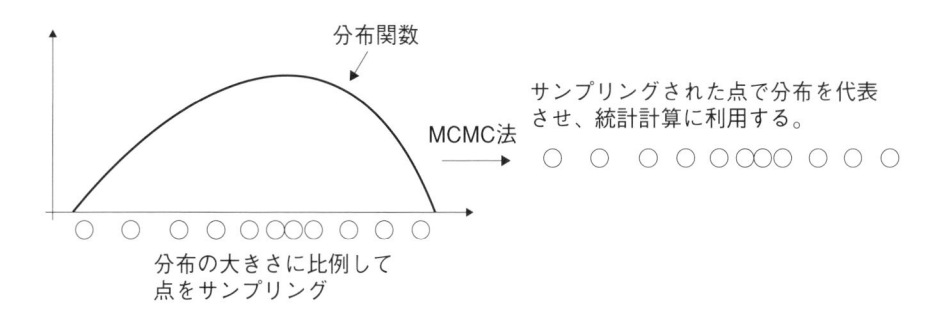

分布関数

MCMC法 →　サンプリングされた点で分布を代表させ、統計計算に利用する。

分布の大きさに比例して
点をサンプリング

　「自然な共役分布」を利用するか、「MCMC法」を利用するかは、ケースバイケースで見極めなければなりません。本章では、前者の「自然な共役分布」を利用する方法を調べることにします。自然な共役分布を利用すると、公式を用いてかんたんに事後分布を算出できるのです。また、平均値や分散など、統計分布に伴う重要な統計量も公式から得られます。

かんたんな事後分布 $\pi(\theta|D)$ 　　複雑な事後分布 $\pi(\theta|D)$

自然な共役分布　　MCMC法

どちらがいいかな？

■自然な共役分布のまとめ

与えられた尤度に対する自然な共役分布にはどのようなものがあるか、具体的にまとめてみたのが下表です。これらの各論について、順次解説していきましょう。

事前分布	尤度	事後分布
ベータ分布	二項分布	ベータ分布
正規分布	正規分布	正規分布
逆ガンマ分布	正規分布	逆ガンマ分布
ガンマ分布	ポアソン分布	ガンマ分布

> **MEMO** 確率分布の定義とそのなかのパラメータ
>
> 正規分布や二項分布はあまりに有名で、定義式が文献で異なることはほとんどありません。しかし、ガンマ分布や逆ガンマ分布になると、文献によってパラメータの位置や形が微妙に違うことがあります。実際に利用する際には注意してください。

第4章

2 尤度が二項分布に従うとき

何度も調べたように、ベイズ統計の基本公式は次のように表わされます。

　　　事後分布　∝　尤度×事前分布　　…(1)

ベイズ統計では、この事後分布からさまざまな計算をすることになります。

さて、前項で調べたように、尤度に対して自然な共役分布を事前分布として採用すると、事後分布も事前分布と同一形式の分布になり、計算がかんたんにできます。

ここでは、二項分布 $B(n, \theta)$ に従うデータから得られる尤度の場合を調べてみましょう。このとき、自然な共役分布はベータ分布になります。

■例を見てみよう

尤度が二項分布に従うデータから得られる場合の具体的な例を調べてみましょう。実は、前章ですでに紹介しているのですが、同じ問題を調べてもつまらないでしょうから、新たな例で考えてみます。

> **(例)** ある両親から連続して男の子が3人生まれた。次の子（4人目）が男の子である確率の分布を求めよ。経験から、この地区で男の子が生まれる確率 θ はベータ分布 $Be(2, 2)$ に従うことが知られている。また、両親から生まれる男女の性別は、生まれるごとに独立と仮定する。

「3人連続で男の子が生まれたとしても、次の子の性別は $\frac{1}{2}$ に決まっている」と考えることにも一理あります。しかし、「女系の家」のように、次々と女の

子ばかりが生まれる家もあります。さて、どう考えればよいでしょうか。

まず、尤度を求めてみましょう。

この両親から男の子が生まれる確率をθとします。すると、連続して男の子が3人生まれる尤度は、二項分布$B(n,\theta)$の分布公式（1章3項）、
$$_nC_r\theta^r(1-\theta)^{n-r}$$
から得られます。$n=3$、$r=3$を代入して、
$$\text{尤度} \propto \theta^3 \quad \cdots(2)$$

■事前分布をベータ分布にすると事後分布もベータ分布に

事前分布は、題意から、ベータ分布$Be(2,2)$と仮定できます。ベータ分布$Be(p,q)$とは、次の確率密度関数$f(x)$を持つ分布です（1章3項、次ページの＜メモ＞参照）。

$$f(x) = kx^{p-1}(1-x)^{q-1} \quad (k\text{は定数}、0<x<1、0<p、0<q) \quad \cdots(3)$$

仮定から$p=2$，$q=2$を代入して、事前分布は次のように仮定できます。

$$\text{事前分布} = k\theta^{2-1}(1-\theta)^{2-1} \quad (k\text{は定数}) \quad \cdots(4)$$

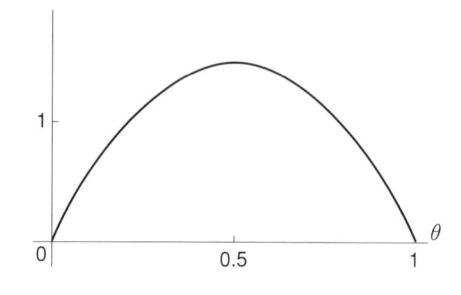

事前分布$\pi(\theta)$の分布関数$Be(2,2)$のグラフ。男の子が生まれる確率θの分布のグラフである。θの平均値は0.5であることがわかる。

こうして、尤度(2)式と事前分布(3)式が求められました。目的とする事後分布は、ベイズ統計の基本公式(1)から次のように得られます。

$$\text{事後分布} \propto \theta^3 \times k\theta^{2-1}(1-\theta)^{2-1} \propto \theta^{5-1}(1-\theta)^{2-1} \quad \cdots(5)$$

(3)式と見比べれば、この(5)式はベータ分布$Be(5, 2)$に一致していることがわかります。比例定数は確率の総和が１になることから決められ（１章３項）、

$$事後分布 = 30\theta^{5-1}(1-\theta)^{2-1} \textbf{（答）}$$

これが次の子（４人目）が男の子である確率分布です。この分布のグラフを示してみましょう（次ページ参照）。平均値が大きく右に寄っている、すなわち、１に近づいていることがわかります。それだけ、男の子が生まれる確率が高いのです。「３人男の子が続いたのだから次は女の子」というわけにはいかず、「３人も男の子が続いたのだから次も男の子」という確率が高くなるのです。

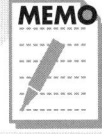

MEMO **ベータ分布**

１章３項でも調べたように、ベータ分布$Be(p, q)$は、次の関数で表わされる分布のことです。

$$f(x) = kx^{p-1}(1-x)^{q-1}$$

（$0<x<1$、$0<p$、$0<q$、kは定数で、ベータ関数を用いて$\dfrac{1}{B(p,q)}$）

ベータ分布の平均値と分散、モード（最頻値）は次のように与えられます。

平均値：$\dfrac{p}{p+q}$、分散：$\dfrac{pq}{(p+q)^2(p+q+1)}$、モード：$\dfrac{p-1}{(p-1)+(q-1)}$

p、qのいくつかの値に対して、そのグラフを描いてみます。

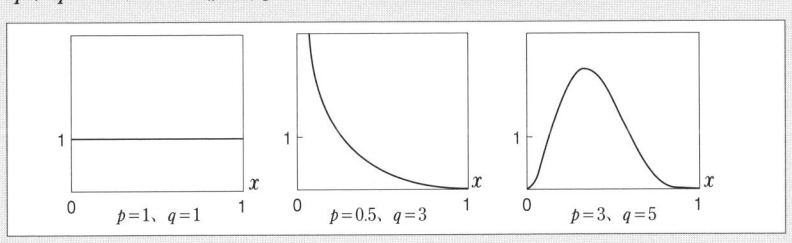

| $p=1$, $q=1$ | $p=0.5$, $q=3$ | $p=3$, $q=5$ |

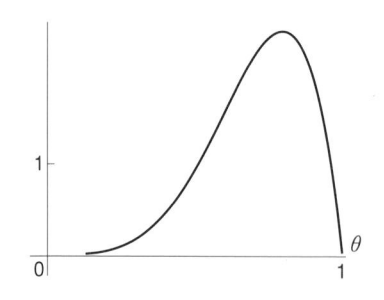

事後分布の分布関数 $Be(5, 2)$ のグラフ。男の子が生まれる確率 θ の事後分布のグラフである。平均値が大きく右に寄っている、すなわち、1 に近づいていることがわかる。

■母数 θ の平均値と分散を求めてみよう

事前分布がベータ分布 $Be(2, 2)$ なら、**事後分布もベータ分布 $Be(5, 2)$ となるのです！** このおかげで、平均値や分散がかんたんに求められます。有名なベータ分布の公式があるからです。

ベータ分布 $Be(p, q)$ の平均値は、公式から、$\dfrac{p}{p+q}$ なので、事後分布 $Be(5, 2)$ に従う、男の子が生まれる確率 θ の平均値 $\bar{\theta}$ は次のようになります。

$$\bar{\theta} = \frac{5}{5+2} = \frac{5}{7} \fallingdotseq 0.71$$

0.71という値は、男女が半々に生まれるという理論的な確率0.5よりも大きな値になっています。連続して3人の男の子が生まれたのですから、これは、実生活における実感に近い値だと思いませんか。さすがベイズ統計！

ついでに分散も調べてみましょう。ベータ分布の公式から、事前分布(4)式と事後分布(5)式の分散は次のようになります。

$$\text{事前分布の分散} = \frac{1}{20} \ (=0.05)、\quad \text{事後分布の分散} = \frac{5}{196} \ (\fallingdotseq 0.026)$$

分散は半分近くも小さくなっています。3人の男の子が生まれたというデータによって、男の子が生まれる確率 θ のゆらぎ幅が小さくなったのです。それだけ男の子が生まれる「確信の度合」が増したことになります。

■二項分布に従うデータから得られた自然な共役分布はベータ分布

以上のことを一般化してみましょう。尤度として、θ を母数とした二項分

布 $B(n, \theta)$ に従うデータから得られる場合を考えてみます。すなわち、次の式が尤度となる場合を考えるのです。

$$\text{尤度} = {}_nC_r \theta^r (1-\theta)^{n-r} \quad \cdots (6)$$

このとき、事前分布にベータ分布 $Be(\alpha, \beta)$ を仮定してみます。

$$\text{事前分布} = k\theta^{\alpha-1}(1-\theta)^{\beta-1} \quad (k \text{は定数}) \quad \cdots (7)$$

すると、事後分布はベイズ統計の基本公式(1)に(6)、(7)式を代入して、次のように表わされます。

$$\begin{aligned}
\text{事後分布} &\propto \text{尤度} \times \text{事前分布} \\
&= {}_nC_r \theta^r (1-\theta)^{n-r} \times k\theta^{\alpha-1}(1-\theta)^{\beta-1} \\
&\propto \theta^{r+\alpha-1}(1-\theta)^{\beta+n-r-1}
\end{aligned}$$

こうして、事後分布はベータ分布 $Be(\alpha+r, \beta+n-r)$ に従うことがわかります！ 二項分布に従うデータから得られる尤度に対しては、その自然な共役分布はベータ分布であることがわかりました。

よく利用される定理なので、公式としてまとめておきましょう。

二項分布 $B(n, \theta)$ に従うデータから得られる尤度に対して、θ の事前分布をベータ分布 $Be(\alpha, \beta)$ に取ると、事後分布は $Be(\alpha+r, \beta+n-r)$ になる。

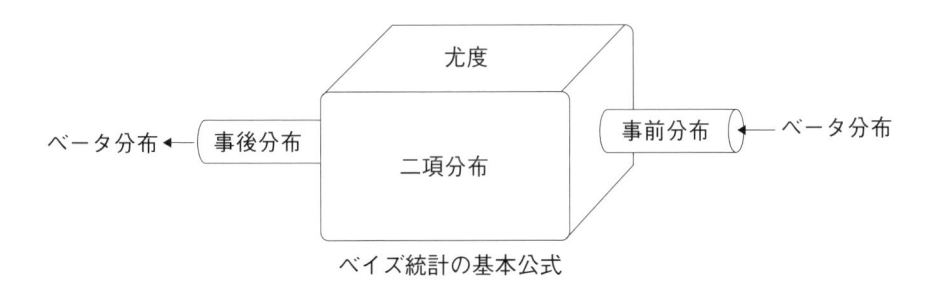

ベータ分布 ← 事後分布 ← [二項分布 / 尤度] ← 事前分布 ← ベータ分布

ベイズ統計の基本公式

二項分布に従うデータはたくさんあります。コインの表裏やサイコロの目がその代表です。このようなデータをベイズ統計で分析したいときには、事前分布としてベータ分布を取ると計算が大変ラクになります。事後分布もベータ分布になり、そのベータ分布に関する公式が使えるからです。

> **MEMO　なぜベータ分布なの？**
>
> 　0から1までの間の値を取る一様分布に従う確率変数$p+q-1$個を大きさの順に並べ替えたとき、小さいほうからp番目の確率変数Xの分布がベータ分布$Be(p, q)$となることが知られています。
>
> 　ところで、ベイズ統計ではこの確率的な性質が使われていません。使われているのは、単純に関数の形だけです。「計算がしやすい」という性質が二項分布の相棒として利用されたのです。

3 尤度が正規分布に従うとき (part1)

第4章

前項では二項分布に従うデータから得られる尤度に対して、自然な共役分布がベータ分布であることを調べました。ここでは、さらに重要な正規分布の場合を調べてみましょう。

正規分布に従うデータから得られる尤度に対して、その平均値 μ の自然な共役分布は正規分布になります。分散 σ^2 が既知のときを調べてみましょう。

(注)σ^2 が不明のときには、σ^2 にも事前分布を仮定する必要があります。その場合については次項で調べます。

■例で調べてみよう

> (例)飲料水工場でつくられる製品Aからサンプリングされた3本のペットボトルの重さが100、102、104グラムとする。製品Aの重さは正規分布に従うと仮定できる。また、この製品Aの重さの分散は1であることが知られている。このとき、製品Aの母集団の平均値 μ の分布を調べよ。
>
> なお、これまでの検査では、平均値 μ の分布の平均値は100、分散は1であることが知られているとする。

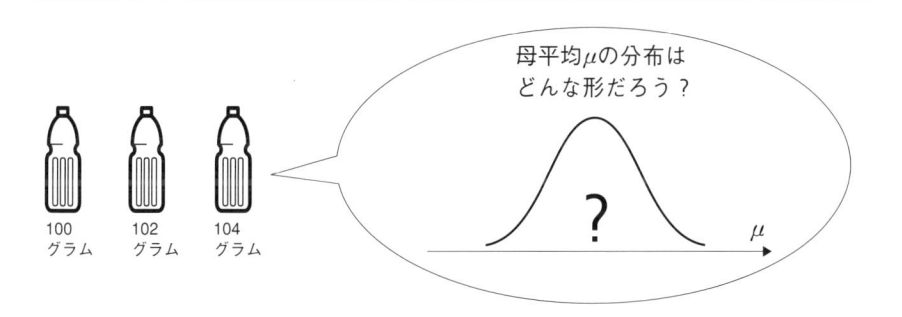

まず、尤度を調べてみましょう。3個のデータ100、102、104は分散1の正規分布に従うので、尤度は次のように与えられます。

$$尤度 = \frac{1}{\sqrt{2\pi}}e^{-\frac{(100-\mu)^2}{2}} \frac{1}{\sqrt{2\pi}}e^{-\frac{(102-\mu)^2}{2}} \frac{1}{\sqrt{2\pi}}e^{-\frac{(104-\mu)^2}{2}} \quad \cdots (1)$$

■事前分布を正規分布にすると事後分布も正規分布に

母平均μの事前分布$\pi(\mu)$を考えます。題意から、平均値は100で、分散は1ですが、分布としては正規分布を仮定してみます。

$$事前分布 = \frac{1}{\sqrt{2\pi}}e^{-\frac{(\mu-100)^2}{2}} \quad \cdots (2)$$

ここでベイズ統計の基本公式

事後分布 ∝ 尤度 × 事前分布

に、(1)、(2)式を代入し、計算してみましょう。

$$事後分布 \propto \frac{1}{\sqrt{2\pi}}e^{-\frac{(100-\mu)^2}{2}} \frac{1}{\sqrt{2\pi}}e^{-\frac{(102-\mu)^2}{2}} \frac{1}{\sqrt{2\pi}}e^{-\frac{(104-\mu)^2}{2}} \frac{1}{\sqrt{2\pi}}e^{-\frac{(\mu-100)^2}{2}}$$

$$\propto e^{-2(\mu-101.5)^2} = e^{-\frac{1}{2\times\frac{1}{4}}(\mu-101.5)^2}$$

(注) 計算の原理は付録Bを参照してください。

こうして事後分布の形が見えました。平均値101.5、分散$\frac{1}{4}$の正規分布の形をしています！ **事前分布が正規分布なら事後分布も正規分布になる**ことが確かめられました。

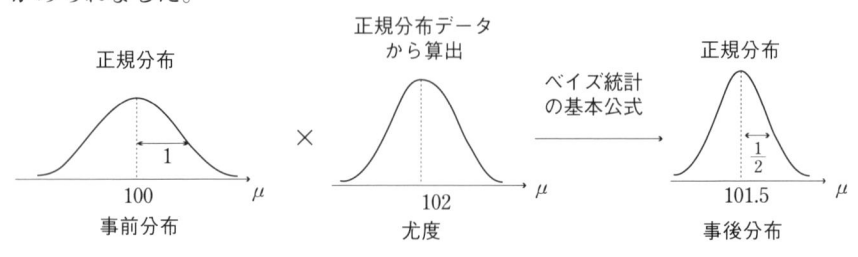

正規分布		正規分布データ から算出			正規分布
(平均100, 分散1)	×	(平均102)	→ ベイズ統計 の基本公式		(平均101.5, 分散$\frac{1}{2}$)
事前分布		尤度			事後分布

■公式化すると

この結果を一般化するのは容易でしょう。

（注）計算の詳細は付録Bを参照してください。

平均値 μ、分散 σ^2 の正規分布 $N(\mu, \sigma^2)$ に従う n 個のデータ x_1、x_2、…x_n の母数として平均値 μ を考える。μ の事前分布が平均値 μ_0、分散 σ_0^2 の正規分布 $N(\mu_0, \sigma_0^2)$ のとき、μ の事後分布は正規分布になり、その平均値 μ_1、分散 σ_1^2 は次のようになる。

$$\mu_1 = \frac{\dfrac{n\bar{x}}{\sigma^2} + \dfrac{\mu_0}{\sigma_0^2}}{\dfrac{n}{\sigma^2} + \dfrac{1}{\sigma_0^2}}, \quad \sigma_1^2 = \frac{1}{\dfrac{n}{\sigma^2} + \dfrac{1}{\sigma_0^2}} \quad (ただし、\bar{x} = \frac{x_1 + x_2 + \cdots + x_n}{n})$$

ベイズ統計の基本公式

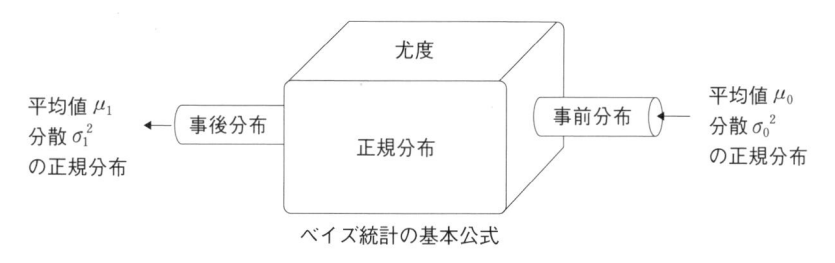

新たなデータ x_1、x_2、…、x_n を得ることで、母数 μ の分布の平均値と分散が次のように更新されたことになります。

$$平均値：\mu_0 \to \mu_1 = \frac{\dfrac{n\bar{x}}{\sigma^2} + \dfrac{\mu_0}{\sigma_0^2}}{\dfrac{n}{\sigma^2} + \dfrac{1}{\sigma_0^2}}$$

$$分\ \ 散：\sigma_0^2 \to \sigma_1^2 = \frac{1}{\dfrac{n}{\sigma^2} + \dfrac{1}{\sigma_0^2}}$$

注意すべきことは、この場合に次の不等式が必ず成立することです。

$$\sigma_0^2 > \sigma_1^2$$

すなわち、新たなデータを取得することで、母集団の平均値 μ の「振れ」が

小さくなり、「確信度」が高められることを表わしています。

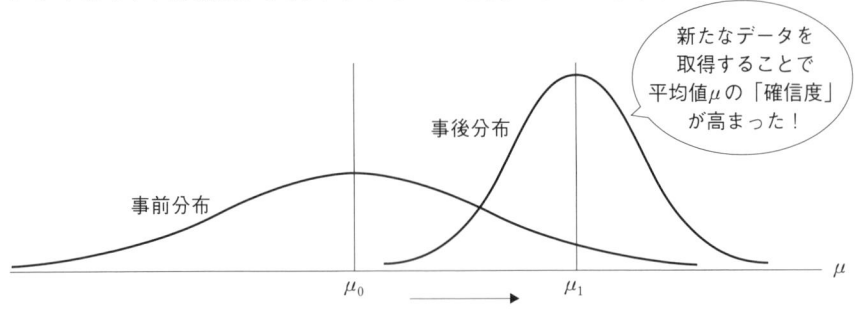

新たなデータを取得することで平均値μの「確信度」が高まった！

事後分布

事前分布

μ_0　μ_1　μ

■例題を公式で解くと

これらの公式を理解するために、具体的な問題を考えてみましょう。3章2項の例題を、ここでは前ページの公式で解いてみることにします。

> **（例）** 菓子Aの製造ラインからつくられる製品の重さの平均値μを調べるために、三つの製品を取り出したところ、99、100、101グラムであった。これまでの検査によって、このラインから製造される製品の重さの分散は3であることがわかっているとする。また、去年の経験から、平均値μは平均値100、分散1の正規分布に従っていると想像される。このとき、菓子Aの重さの平均値μの事後分布を求めよ。

（注）3章2項では、公式を用いずに解を求めました。ここに示した公式を理解するうえでも、3章2項の例題を再度参照してください。

（解） 先の公式の、n、$\bar{x}$、σ^2、μ_0、σ_0^2に次の値を代入します。

$n=3$、$\bar{x}=100$、$\sigma^2=3$、$\mu_0=100$、$\sigma_0^2=1$

すると、母数μの事後分布の平均値μ_1、分散σ_1^2は、

$$\mu_1 = \frac{\frac{3\times 100}{3}+\frac{100}{1}}{\frac{3}{3}+\frac{1}{1}} = 100、\quad 分散：\sigma_1^2 = \frac{1}{\frac{3}{3}+\frac{1}{1}} = \frac{1}{2}$$

となります。よって、事後分布は正規分布$N\left(100, \frac{1}{2}\right)$となります **（答）**

第 4 章

4 尤度が正規分布に従うとき (part2)

　前項では、正規分布に従うデータから得られる尤度に対して、平均値 μ の自然な共役分布は正規分布であることを確かめました。その際、分散 σ^2 は既知であることを仮定しました。

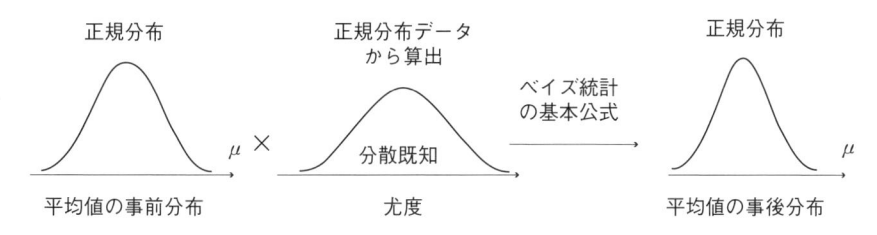

では、分散 σ^2 が確定していない場合には、どうなるでしょうか？

　分散 σ^2 が確定していない場合、ベイズ統計ではその分散 σ^2 も確率変数になり、分布を仮定しなければなりません。

　では、どのような分布を仮定すればよいのでしょうか。そこで登場するのが逆ガンマ分布です。正規分布に従うデータから得られる尤度に対しては、分散についての自然な共役分布は**逆ガンマ分布**となります。

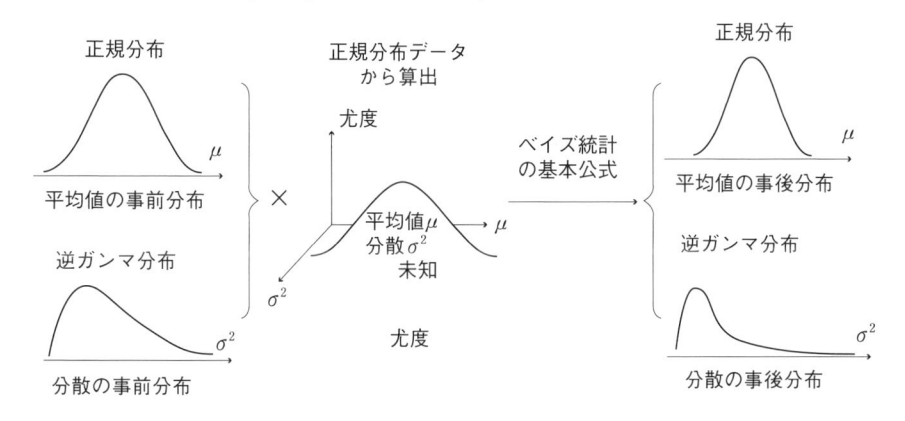

■例で調べてみよう

> (例) 飲料水工場でつくられる製品Aからサンプリングされた3本のペットボトルの重さが100、102、104グラムとする。このとき、製品Aの母集団の平均値μ、分散σ^2の分布を調べよ。製品Aの重さは正規分布に従うと仮定できる。
>
> これまでの経験で、分散σ^2は平均値1、分散1の分布に従うと仮定できる。また、平均値μの分布の平均値は100で、その分散は製品の分散σ^2の$\frac{1}{3}$であることが知られている。

話が込み入っているので、例題の確認からはじめましょう。

この例題には三つの確率分布が登場しています。①製品Aの重さの分布、②その重さの平均値の事前分布、③その重さの分散の事前分布です。

製品Aの重さの分布は正規分布と与えられています。また、平均値の事前分布としては、正規分布を仮定するとよいでしょう。前項で調べたように、正規分布データから得られる尤度に対して、正規分布が自然な共役分布になっているからです。問題は、分散の事前分布として何を仮定すればよいかということです。

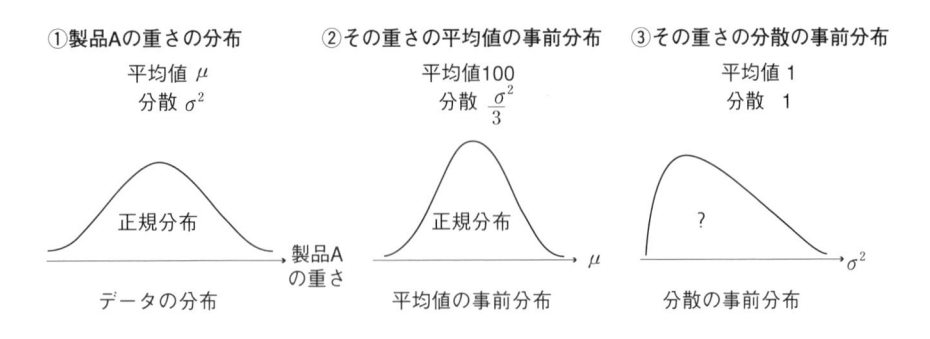

①製品Aの重さの分布
平均値 μ
分散 σ^2

正規分布 → 製品Aの重さ

データの分布

②その重さの平均値の事前分布
平均値100
分散 $\frac{\sigma^2}{3}$

正規分布 → μ

平均値の事前分布

③その重さの分散の事前分布
平均値1
分散 1

? → σ^2

分散の事前分布

例題には三つの確率分布が登場している。分散の事前分布を何にすればよいかが問題である。

ここで登場するのが、逆ガンマ分布です。正規分布に従うデータから得られる尤度に対して、分散の事前分布として逆ガンマ分布を採用すると、それが自然な共役分布になることが確かめられます。

　では、実際に逆ガンマ分布が正規分布に従うデータに関して自然な共役分布になっていることを、この例から確かめてみましょう。

■逆ガンマ分布とは

　逆ガンマ分布 $IG(\alpha, \lambda)$ とは、確率密度関数 $IG(x, \alpha, \lambda)$ が次の式で表わされる分布です（1章3項）。

$$IG(x, \alpha, \lambda) = kx^{-\alpha-1} e^{-\frac{\lambda}{x}}$$

ここで、k は定数で、$\frac{\lambda^{\alpha}}{\Gamma(\alpha)}$（$\Gamma(\alpha)$ はガンマ関数）になります。

この分布の平均値、分散を調べてみましょう。

平均：$\dfrac{\lambda}{\alpha - 1}$ （$\alpha > 1$ のとき）

分散：$\dfrac{\lambda^2}{(\alpha - 1)^2 (\alpha - 2)}$ （$\alpha > 2$ のとき）

逆ガンマ分布の名前は、この分布に従う確率変数 X の逆数 $\dfrac{1}{X}$ がガンマ分布（1章3項）に従うことに由来します。

■尤度を求める

　では、尤度を求めてみます。3本のペットボトルのデータ D（すなわち100、102、104）は平均値 μ、分散 σ^2 の正規分布に従っているので、尤度は次のように表わせます。これは、前項の場合と同じ考え方です。

$$\begin{aligned}
\text{尤度} &= \frac{1}{\sqrt{2\pi}\,\sigma} e^{-\frac{(100-\mu)^2}{2\sigma^2}} \frac{1}{\sqrt{2\pi}\,\sigma} e^{-\frac{(102-\mu)^2}{2\sigma^2}} \frac{1}{\sqrt{2\pi}\,\sigma} e^{-\frac{(104-\mu)^2}{2\sigma^2}} \\
&= \left(\frac{1}{\sqrt{2\pi}}\right)^3 \left(\frac{1}{\sigma}\right)^3 e^{-\frac{8 + 3(\mu - 102)^2}{2\sigma^2}} \quad \cdots (1)
\end{aligned}$$

注意すべきことは、この式には確率変数が二つ含まれていることです。それは、平均値μ、分散σ^2の二つです。

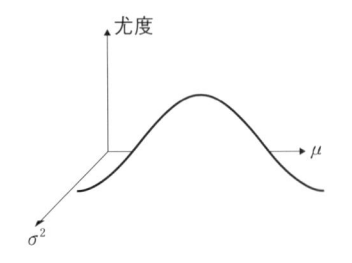

尤度を表わす関数には平均値μ、分散σ^2の二つの変数が含まれている。図で示すと、平面から突き出た山のようなグラフになる。

■平均値μと分散σ^2の事前分布を仮定する

題意から、分散σ^2の分布の平均値は1、分散も1です。そこで、分散σ^2の事前分布として、平均値1、分散1の次の分布を考えてみることにしましょう。

$$\sigma^2 の事前分布 = 4\left(\sigma^2\right)^{-4} e^{-\frac{2}{\sigma^2}} \quad \cdots (2)$$

ややこしい形ですが、ここは少し我慢してください。**これが逆ガンマ分布だからです。**実際、この事前分布は逆ガンマ分布$IG(\alpha, \lambda)$で、$\alpha=3$、$\lambda=2$の場合です。この逆ガンマ分布$IG(3,2)$の平均値、分散はそれぞれ1、1であることが、公式から確かめられます（1章3項）。

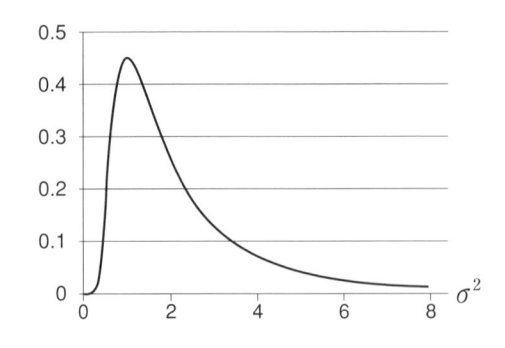

分散の分布として採用した(2)式の逆ガンマ分布$IG(3,2)$のグラフ。平均値1、分散1となっていることがわかります。

次に、平均値μの事前分布を考えます。すでに調べたように、題意から、平

均値100、分散 $\frac{\sigma^2}{3}$ の正規分布 $N\left(100, \frac{\sigma^2}{3}\right)$ を仮定するとよいでしょう。

$$\mu の事前分布 = \frac{1}{\sqrt{2\pi \frac{\sigma^2}{3}}} e^{-\frac{(\mu - 100)^2}{2\left(\frac{\sigma^2}{3}\right)}} \quad \cdots (3)$$

これで準備が整いました。ベイズ統計の基本公式、

事後分布 ∝ 尤度×事前分布

に、(1)～(3)式を代入し、計算してみましょう。

事後分布
$$\propto \left(\frac{1}{\sqrt{2\pi}}\right)^3 \left(\frac{1}{\sigma}\right)^3 e^{-\frac{8 + 3(\mu - 102)^2}{2\sigma^2}} \cdot \frac{1}{\sqrt{2\pi \frac{\sigma^2}{3}}} e^{-\frac{(\mu - 100)^2}{2\left(\frac{\sigma^2}{3}\right)}} \cdot 4(\sigma^2)^{-4} e^{-\frac{2}{\sigma^2}}$$

$$\propto (\sigma^2)^{-6} e^{-\frac{9 + 3(\mu - 101)^2}{\sigma^2}} \quad \cdots (4)$$

ずいぶんと美しくなりましたね。これが事後分布の形なのです。

(注) (4)式の導出は付録Cを参照してください。

■事後分布を調べてみよう

尤度(1)式に対して、分散の事前分布が逆ガンマ分布(2)式で、平均値の事前分布が正規分布(3)式のとき、その事後分布が(4)式であることがわかりました。

この事後分布の(4)式で、μ を固定して考え、σ^2 のみに着目してみましょう。

$$\sigma^2 の事後分布 \propto (\sigma^2)^{-6} e^{-\frac{9 + 3(\mu - 101)^2}{\sigma^2}} \quad \cdots (4)$$

これは逆ガンマ分布、

$$IG(x, \alpha, \lambda) = kx^{-\alpha - 1} e^{-\frac{\lambda}{x}} \quad (k は定数) \cdots (5)$$

の形をしていることに気づきますか？ すなわち、σ^2 に関して逆ガンマ分布、

$$IG\left(5, 9 + 3(\mu - 101)^2\right)$$

と一致しているのです。正規分布に従うデータから得られる尤度に対して、分散σ^2に関しては、逆ガンマ分布が自然な共役分布になっていることが確認できたのです。

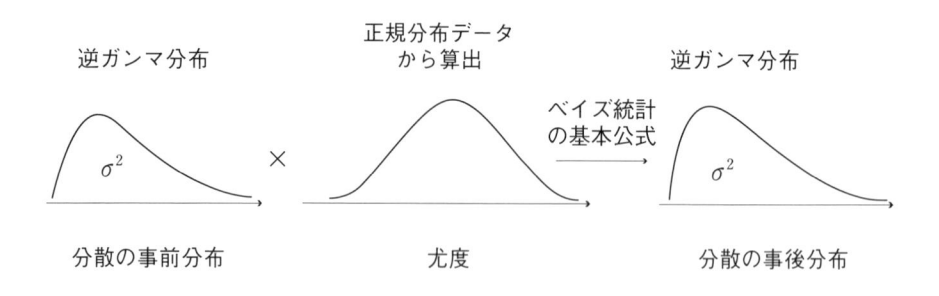

逆ガンマ分布 × 正規分布データから算出 (尤度) → [ベイズ統計の基本公式] 逆ガンマ分布

分散の事前分布 / 尤度 / 分散の事後分布

ついでに、平均値μの事後分布も調べてみましょう。事後分布で、σ^2を固定して考え、μのみに着目してください。

$$\text{平均値}\mu\text{の事後分布} \propto e^{-\frac{3(\mu-101)^2}{\sigma^2}}$$

これは正規分布$N\left(101, \dfrac{\sigma^2}{6}\right)$と一致しています。すなわち、平均値$\mu$の事前分布$N\left(100, \dfrac{\sigma^2}{3}\right)$から事後分布$N\left(101, \dfrac{\sigma^2}{6}\right)$が得られたのです。

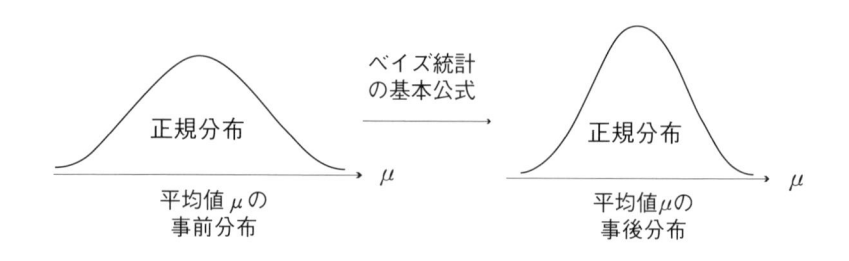

正規分布 (平均値μの事前分布) →[ベイズ統計の基本公式]→ 正規分布 (平均値μの事後分布)

正規分布に従うデータから得られる尤度に対して、平均値μに関しては、正規分布が自然な共役分布になることは前項で調べましたが、ここでも再確認できました。

■公式化すると

同様に、式を変形することで、一般的に次の公式が得られます。

分散 σ^2 と平均値 μ の正規分布に従う n 個のデータ x_1、x_2、…、x_n について、それらの分散 σ^2 と平均値 μ の事前分布をそれぞれ、

$$\text{逆ガンマ分布} \, IG\left(\frac{n_0}{2}, \frac{n_0 S_0}{2}\right), \quad \text{正規分布} \, N\left(\mu_0, \frac{\sigma^2}{m_0}\right)$$

とすると、事後分布は、

$$\text{事後分布} \propto (\sigma^2)^{-\frac{n_1+1}{2}-1} e^{-\frac{n_1 S_1 + m_1(\mu-\mu_1)^2}{2\sigma^2}} \quad \cdots (6)$$

となる。また、σ^2、μ についての条件付き事後分布はそれぞれ、

$$\text{逆ガンマ分布} \, IG\left(\frac{n_1+1}{2}, \frac{n_1 S_1 + m_1(\mu-\mu_1)^2}{2}\right)$$

$$\text{正規分布} \quad N\left(\mu_1, \frac{\sigma^2}{m_1}\right)$$

です。ここで、

$m_1 = m_0 + n$、$n_1 = n_0 + n$

$n_1 S_1 = n_0 S_0 + Q + \dfrac{m_0 n}{m_0 + n}(\bar{x} - \mu_0)^2$、$\mu_1 = \dfrac{n\bar{x} + m_0 \mu_0}{m_0 + n}$

$Q = (x_1 - \bar{x})^2 + (x_2 - \bar{x})^2 + \cdots + (x_n - \bar{x})^2$

($\bar{x}$ はデータの平均値、Q はデータの変動)

(注) 公式の導出法については付録Cを参照してください。

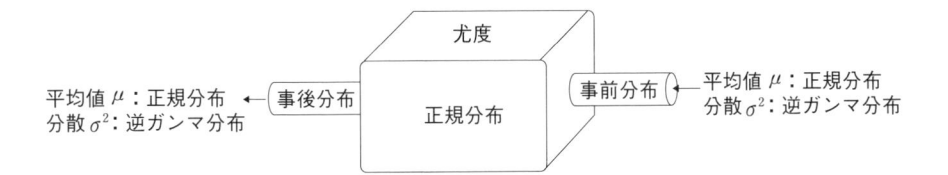

平均値 μ：正規分布　←事後分布─　尤度　　　事前分布─→　平均値 μ：正規分布
分散 σ^2：逆ガンマ分布　　　　　正規分布　　　　　　　　分散 σ^2：逆ガンマ分布

■なぜ逆ガンマ分布が利用されるのか

では逆ガンマ分布が利用されるのは、なぜでしょうか。本章2項のベータ分布のときと同様に、式の形のよさがその理由です。逆ガンマ分布の統計分布としての性質が理由ではありません。筆者の見る限り、逆ガンマ分布の統計的性質についての文献は見当たりません。すなわち、どんな確率変数が逆ガンマ分布に従うのかは、あまり深く研究されていないようです。

> **MEMO 逆ガンマ分布をExcelのガンマ分布で代用**
>
> Excelには逆ガンマ分布のための関数は用意されていません。
>
> Excelの統計関数の一覧。逆ガンマ分布は組み込まれていない。
>
> そこで、ガンマ分布との関係を利用します。すなわち、逆ガンマ分布に従う確率変数Xの逆数$\dfrac{1}{X}$がガンマ分布に従うことを利用するのです。

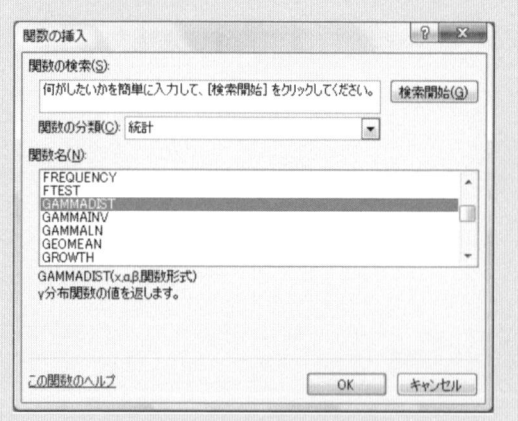

第4章

5 尤度がポアソン分布に従うとき

　前項までに、尤度が正規分布や二項分布に従うデータから得られる場合の自然な共役分布を調べました。ここでは尤度がポアソン分布に従うデータから得られる場合について調べてみましょう。

　ポアソン分布は、稀な現象の統計的扱いによく利用される分布です。たとえば、交通事故死などの確率分析に利用されます。

■例を調べてみよう

　ポアソン分布に従うデータから得られる尤度の自然な共役分布はガンマ分布です。ガンマ分布$Ga(\alpha, \lambda)$の分布関数$Ga(x, \alpha, \lambda)$は次の式で表わされます。

$$Ga(x, \alpha, \lambda) = kx^{\alpha-1}e^{-\lambda x} \qquad (0<x、0<\lambda、kは定数) \quad \cdots(1)$$

　このことを具体的な問題で確認してみましょう。

> **（例）** ある都市の3日間の死亡者数を調べたところ、次の通りであった。
>
> 　　0人、1人、2人
>
> 　このデータから1日の交通事故死亡者数の平均値θの事後分布を求めよ。ちなみに、去年の1日の交通事故死亡者数の平均は1人、標準偏差も1人であった。なお、ポアソン分布は、平均値θを利用して、次のように表わされる。
>
> $$f(x) = \frac{e^{-\theta}\theta^x}{x!} \quad (ただし、\theta>0、xは0, 1, 2, \cdots)$$

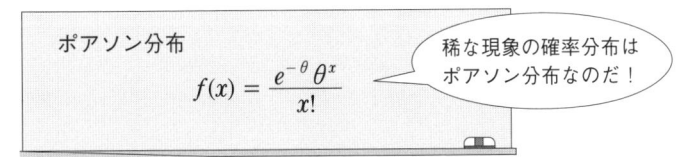

ポアソン分布
$$f(x) = \frac{e^{-\theta}\theta^x}{x!}$$

稀な現象の確率分布はポアソン分布なのだ！

題意から、3日間の死亡者数が0人、1人、2人であったので、このデータから得られる尤度は、このポアソン分布の式から、次のように求められます。

$$\text{尤度} = \frac{e^{-\theta}\theta^0}{0!}\frac{e^{-\theta}\theta^1}{1!}\frac{e^{-\theta}\theta^2}{2!} \propto e^{-3\theta}\theta^3 \quad \cdots(2)$$

■事前分布をガンマ分布に

次に事前分布を考えます。事前分布として、自然な共役分布であるガンマ分布 $Ga(1,1)$ を採用してみましょう。(1)式から、

$$\text{事前分布} = e^{-\theta} \quad \cdots(3)$$

となります。このとき平均値も分散も1になり、題意に合致します（下記＜メモ＞参照）。

📝 MEMO ガンマ分布

1章3項で調べたように、ガンマ分布は次の式で表わされます。

$$Ga(x, \alpha, \lambda) = kx^{\alpha-1}e^{-\lambda x} \quad (0<x、0<\lambda、kは定数)$$

このグラフは次のような形になります。

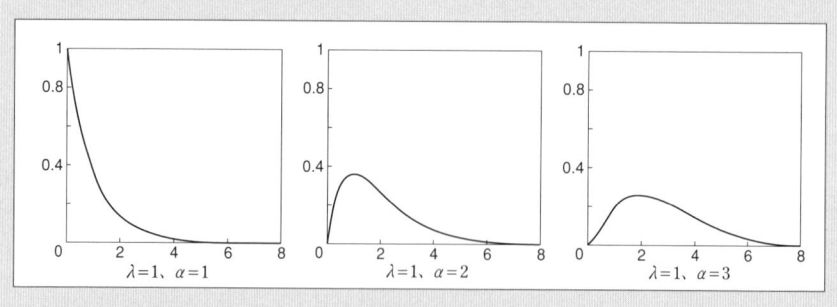

（左：$\lambda=1, \alpha=1$、中：$\lambda=1, \alpha=2$、右：$\lambda=1, \alpha=3$）

平均値、分散の公式を示しておきましょう。

$$\text{平均値}:\frac{\alpha}{\lambda}\text{、分散}:\frac{\alpha}{\lambda^2}$$

なお、ガンマ分布の定義式は文献によってさまざまです。公式を利用する際には注意してください。

これで、準備ができました。1日の交通事故死亡者数の平均値の事後分布を求めてみましょう。ベイズ統計の基本公式、

事後分布 ∝ 尤度 × 事前分布

に、(2)、(3)式を代入し、計算してみましょう。

$$事後分布 \propto e^{-3\theta}\theta^3 \times e^{-\theta} = \theta^{4-1}e^{-4\theta}$$

この分布はガンマ分布$Ga(4,4)$です。こうして事前分布がガンマ分布$Ga(1,1)$のとき、事後分布はガンマ分布$Ga(4,4)$となることがわかりました。すなわち、ポアソン分布に従うデータから得られる尤度に対して、その自然な共役分布はガンマ分布なのです。

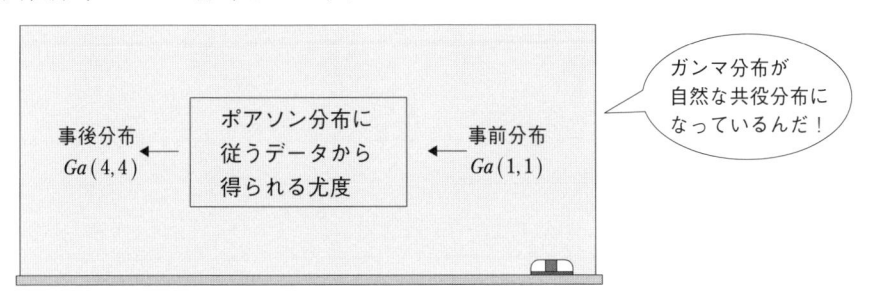

事後分布 $Ga(4,4)$ ← ポアソン分布に従うデータから得られる尤度 ← 事前分布 $Ga(1,1)$

> ガンマ分布が自然な共役分布になっているんだ！

■公式を導く

上の例で調べたように、ポアソン分布に従うデータから得られる尤度に対する自然な共役分布はガンマ分布になります。例で調べた式を一般化すれば、次の公式が得られます。

ポアソン分布 $f(x) = \dfrac{e^{-\theta}\theta^x}{x!}$ （ただし、xは0、1、2、…、$\theta > 0$）に従うn個のデータx_1、x_2、…、x_nから得られる尤度に対して、θの事前分布をガンマ分布$Ga(\alpha, \lambda)$に取ると、その事後分布は$Ga(\alpha_1, \lambda_1)$になる。

ただし、$\alpha_1 = \alpha + n\bar{x}$、$\lambda_1 = \lambda + n$ 　　（$\bar{x}$はデータの平均値）

（注）式の導出法については付録Dを参照してください。

第4章

6 ベイズファクターを使った統計モデルの評価法

　資料（データ）を前に統計分析を行なうには、統計モデルが必要になります。たとえば、コインの表裏のデータが与えられているなら、「たぶん二項分布に従うだろう」とか、身長のデータを前にすれば「正規分布に従うだろう」というモデルをつくり、データに当てはめようとします。

　さて、一つのデータに対する統計のモデルには、実はいろいろなモデルが考えられます。たとえば、与えられたデータに対して、一様分布を仮定するのか、二項分布を仮定するのか。どちらがよいか迷うことがあります。

　そこで、どちらのモデルが優れているかの判断基準が必要になります。ここでは、**ベイズファクター**（**ベイズ因子**ともいわれます）と呼ばれる判断基準を紹介しましょう。

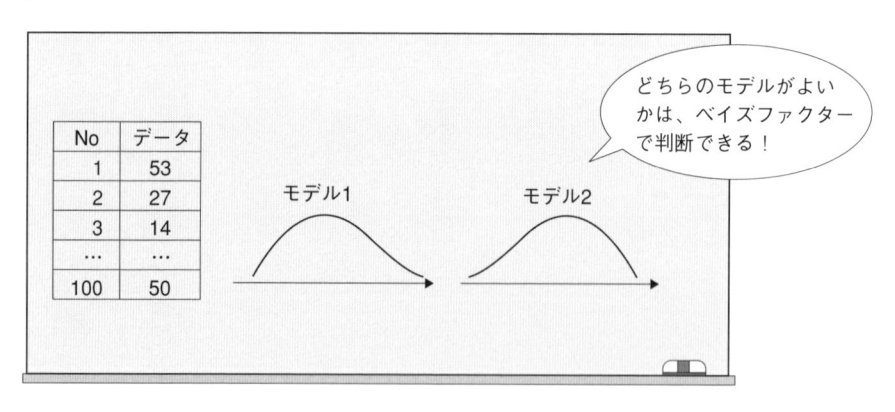

> どちらのモデルがよいかは、ベイズファクターで判断できる！

■モデルの説明力は確率の和で表わされる

　モデル M_1、M_2 のどちらが優れているかの判断法を調べてみます。それは、そのモデルのデータ D に対する「説明力」の大小で判断できます。

ここで、母数θを含むモデルMの「説明力」とは何かを考えてみましょう。まず、モデルMについてのベイズの定理を表わしてみます。

$$p(\theta, M | D) = \frac{\overbrace{f(D|\theta, M)}^{\text{尤度}} \overbrace{p(\theta, M)}^{\text{事前確率}}}{p(D)} \quad \cdots (1)$$

（注）本項の内容は確率変数が離散的でも、連続的でも同様に成立します。そこで、わかりやすい離散的イメージで解説します。

式中のMは、確率の計算がモデルMに従っていることを強調しています。

さて、このモデルMの説明力は、母数θについての確率の総和の大小で測ることができます。1に近ければデータDの出現確率をよく説明することになります。逆に、0に近ければデータDの出現確率を説明できないことになるのです。

すなわち、事後確率の母数についての確率の総和が、データDに対するモデルの説明力になるわけです。

モデルM「説明力」＝事後確率$p(\theta, M | D)$の母数θについての確率の総和

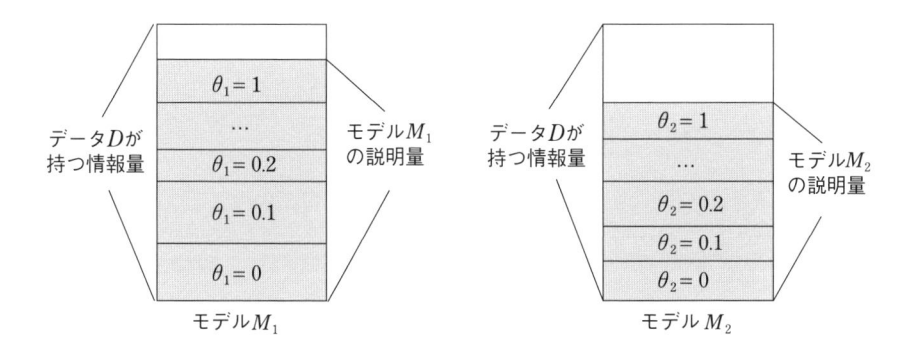

モデルM_1、M_2の母数がともに0、0.1、0.2、…、1で成り立っているなら、それらの値の出現確率の和が各モデルのデータDの説明力になる。上の図の場合、左のモデルM_1のほうが説明力があると判断する。

■モデルの説明力は尤度の総和でしか測れない

モデルMの「説明力」が事後確率$p(\theta, M|D)$の母数θについての総和であることがわかりました。さて、ベイズの定理の(1)式を見てみましょう。

分母の$p(D)$はデータDの得られる確率です。つまり、モデルには無関係な値です。また、分子の事前確率$p(\theta, M)$は、モデルの優劣を比較するときには、具体的に計算できません。そこで、データDのもとでモデルMの優劣を決定するのは何かというと、尤度$f(D|\theta, M)$の和であることがわかります。すなわち、

モデルMの「説明力」＝尤度$f(D|\theta, M)$の母数θについての総和

となります。ちなみに、θが連続変数のときには、モデルMの説明力は次のように積分することで表わされます。

$$\text{モデル}M\text{の「説明力」} = \int f(D|\theta, M) d\theta$$

さて、二つのモデルM_1、M_2の優劣を決める指標を探してみましょう。二つのモデルM_1、M_2の優劣を決めるのは、結局、**ベイズファクター（ベイズ因子）**と呼ばれる次の比の値であることがわかります。

$$\frac{\text{尤度}f(D|\theta_1, M_1)\text{の母数}\theta\text{についての総和}}{\text{尤度}f(D|\theta_2, M_2)\text{の母数}\theta\text{についての総和}} \quad \cdots(2)$$

このベイズファクターが1より大きければモデルM_1のほうが優れ、1より小さければモデルM_2のほうが優れていることになるのです。

■**例を調べよう**

記号ばかりの抽象論に偏りすぎたので、ここでかんたんな例を調べてみましょう。

> (**例**) コインを10回投げて、表が6回出たとします。このデータをもとに、
> M_1：コインの表の出る確率は $\theta = 0.5$
> M_2：コインの表の出る確率は不明で一様分布 $p(\theta) = 1$ 　（$0 \leq \theta \leq 1$）
> の二つのモデルのベイズファクターを求めよ。

(**解**) 二項分布の考え方から、M_1、M_2 の尤度はそれぞれ、

$$_{10}C_6 \times 0.5^6 \times (1-0.5)^4$$

$$_{10}C_6 \times \theta^6 \times (1-\theta)^4$$

よって、

$$\text{モデル}M_1\text{の「説明力」} = {_{10}C_6} \times 0.5^6 \times (1-0.5)^4 = \frac{105}{512} \fallingdotseq 0.205$$

$$\text{モデル}M_2\text{の「説明力」} = \int_0^1 {_{10}C_6} \times \theta^6 (1-\theta)^4 d\theta = \frac{1}{11} \fallingdotseq 0.091$$

となります。よって、ベイズファクターの値は(2)式から、

$$\frac{0.205}{0.091} \fallingdotseq 2.25$$

と算出できます。つまり、モデル M_1 のほうが、モデル M_2 よりも倍以上の説明力を持つことになるのです。ベイズファクターを基準にするなら、モデル M_1 のほうが優れていると判断できます。

7 ベイズ推定と伝統的な統計的推定

第4章

ベイズ統計では、ベイズの定理から得られる事後分布を用いて、さまざまな統計量を算出します。この意味では、従来の統計で扱われていた推定や検定は単純です。確率分布による統計量の算出と、その評価になるからです。

ここでは、具体例で従来の統計的推定とベイズ統計の推定（**ベイズ推定**）を比較し、その違いを調べてみましょう。

■具体例で比較する

次の例題を利用して、従来の統計的推定とベイズ推定を比較し、その違いを調べてみましょう。

> （例）菓子工場から生産される菓子の重さを測るため、抽出した4個を測定し、次のデータが得られた。
>
> 　　　99.6、100.5、101.0、100.1
>
> これまでの経験から、母分散は0.64^2であるとわかっているとする。これらのデータから母平均を推定せよ。

（解1）従来の統計的推定で考える場合

伝統的な統計学の教科書に掲載されている推定法、すなわち頻度主義による推定法で調べてみます。

伝統的な教科書にある統計的推定では、次の公式を利用します。

> 確率変数Xが平均値μ、標準偏差σの正規分布に従っているとする。このと

き、母平均μは、95%の確率で、次の不等式をみたす。

$$\overline{X} - 1.96\frac{\sigma}{\sqrt{n}} \leq \mu \leq \overline{X} + 1.96\frac{\sigma}{\sqrt{n}} \quad \cdots (1)$$

ここで、$\overline{X}$は大きさnの標本から得られた標本平均である。
（注）この推定区間を「信頼度95%の信頼区間」といいます。

この公式を利用して、母平均を区間推定してみましょう。
まず、標本平均$\overline{X}$の値$\overline{x}$を求めます。

$$\overline{X} = \frac{99.6 + 100.5 + 101.0 + 100.1}{4} = 100.3$$

それぞれのデータは正規分布に従うと仮定します。母分散が0.64^2とわかっているので、(1)式から母平均μは95%の信頼度で次の不等式をみたします。

$$100.3 - 1.96 \times \frac{0.64}{\sqrt{4}} \leq \mu \leq 100.3 + 1.96 \times \frac{0.64}{\sqrt{4}} \quad \cdots (2)$$

これを計算すると、次の信頼度95%の信頼区間が得られます。

$$99.67 \leq \mu \leq 100.93 \quad \textbf{（答）}$$

ここで利用した推定の原理は、「標本平均$\overline{X}$が平均値μ、標準偏差$\frac{0.64}{\sqrt{4}}$の正規分布（下記(3)式）に従う」という定理に基づいていることに留意しましょう。

$$f(x) = \frac{1}{\sqrt{2\pi} \times \frac{0.64}{\sqrt{4}}} e^{-\frac{(x-\mu)^2}{2 \times \left(\frac{0.64}{\sqrt{4}}\right)^2}} \quad \cdots (3)$$

分布の横軸は$\overline{x}$です（右図）。注意すべきことは、真の母平均μは「神様がちゃんと知っている」と仮定していることです。「信頼度95%の信頼区間」は、標

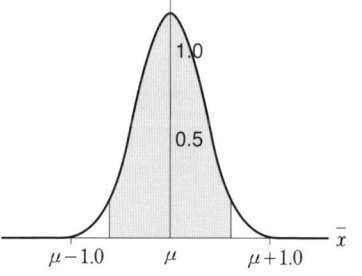

本平均$\bar{x}$から$\pm 1.96 \times \dfrac{0.64}{\sqrt{4}}$の範囲にその母平均$\mu$が95%の確率で存在することを表現しているのです。

(解2) ベイズ推定で考える場合

それでは、ベイズ推定を実行してみましょう。データが正規分布に従うとして本章3項で調べた次の公式を利用します。

平均値μ、分散σ^2の正規分布$N(\mu, \sigma^2)$に従うn個のデータx_1、x_2、…、x_nの母数として平均値μを考える。μの事前分布が平均値μ_0、分散σ_0^2の正規分布$N(\mu_0, \sigma_0^2)$のとき、μの事後分布は正規分布になり、その平均値μ_1、分散σ_1^2は次のように更新される。

$$\mu_1 = \dfrac{\dfrac{n\bar{x}}{\sigma^2} + \dfrac{\mu_0}{\sigma_0^2}}{\dfrac{n}{\sigma^2} + \dfrac{1}{\sigma_0^2}} \ , \ \sigma_1^2 = \dfrac{1}{\dfrac{n}{\sigma^2} + \dfrac{1}{\sigma_0^2}}$$

まず、標本平均の値$\bar{x}$を求めます。

$$\bar{x} = \dfrac{99.6 + 100.5 + 101.0 + 100.1}{4} = 100.3$$

「理由不十分の原則」(2章3項)から、事前分布として一様分布を仮定します。一様分布は、分散が無限に大きいと考えられるので、σ_0^2を無限大とすると、$\dfrac{\mu_0}{\sigma_0^2}$、$\dfrac{1}{\sigma_0^2}$は0と考えられます。公式に、$n=4$、$\sigma^2=0.64^2$を代入します。

$$\mu_1 = \dfrac{\dfrac{4 \times 100.3}{0.64^2} + 0}{\dfrac{4}{0.64^2} + 0} = 100.3, \ \sigma_1^2 = \dfrac{1}{\dfrac{4}{0.64^2} + 0} = \dfrac{0.64^2}{4} = \left(\dfrac{0.64}{\sqrt{4}}\right)^2$$

よって、事後分布は、

$$\text{事後分布} = \dfrac{1}{\sqrt{2\pi} \times \dfrac{0.64}{\sqrt{4}}} e^{-\dfrac{(\mu - 100.3)^2}{2 \times \left(\dfrac{0.64}{\sqrt{4}}\right)}} \quad \cdots (4)$$

となります。ベイズ統計では、この(4)式から、さまざまな統計的な量を算出するのです。

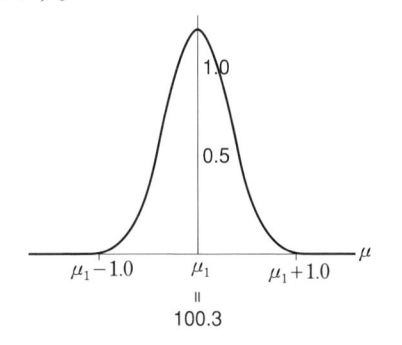

(4)式のグラフ。
グラフの形は(3)式とまったく同一になるが、横軸が$\bar{x}$からμに変更されている。

横軸はμであることに注意してください。どこにも真の母平均μを「神様がちゃんと知っている」という概念は含まれていません。母平均μは単に確率変数なのです。

伝統的な区間推定の(2)式をあえて導き出したければ、上の図で、事後分布の中心μ_1（=100.3）を中心に95％に含まれるμの値を算出すればよいでしょう。

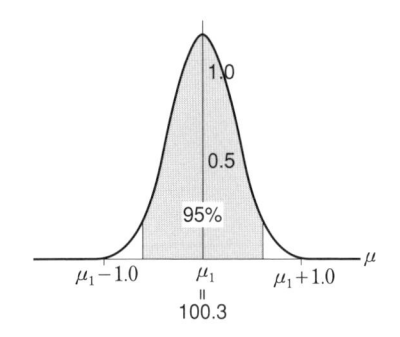

事前分布を一様分布に取ると、古典的な区間推定に用いられるグラフとまったく同じグラフで、ベイズ推定が可能となる。

これは伝統的な推定の原理図と一致します（横軸が標本平均$\bar{x}$ではなく、母平均μである、という違いはあります）。グラフが同一なので、当然、得られる推定区間も一致します。母数μが平均値μ_1の周り95％に存在する確率は、

$$100.3 - 1.96 \times \frac{0.64}{\sqrt{4}} \leq \mu \leq 100.3 + 1.96 \times \frac{0.64}{\sqrt{4}}$$

となります。こうして、母平均μが95％の確率で含まれる区間が得られます。

$$99.67 \leqq \mu \leqq 100.93 \quad \textbf{(答)}$$

結果は伝統的な統計学的推定で求めた答えと一致しました。

以上からわかるように、伝統的な統計学の教科書に掲載されている推定法で仮定した「神様」を、ベイズ統計は必要としません。ベイズ統計はデータから得られた情報のみを素直に理論に取り込むのです。

第4章

8 ベイズ統計と最尤推定法の関係

　前項で調べたように、事前分布に一様分布を仮定すると、ベイズ統計の結果は、伝統的な統計学の結論と同一になるように解釈できます。

　これは、最尤推定法に対しても当てはまります。事前分布を一様分布に取ったベイズ統計の最頻値（モード）は最尤推定法と一致するのです。

■最尤推定法の尤度関数と尤度

　最尤推定法は、1章4項でも調べたように、対象とする確率現象の結果がもっとも起こりやすいように統計モデルの母数を決定する方法です。すなわち、尤度関数が最大になるように母数を決定するのです。

　ところで、最尤推定法で「尤度関数」と呼ぶものは、ベイズ統計の尤度 $f(D|\theta)$ と一致します。最尤推定法の「尤度関数」とベイズ統計の尤度とは同じものなのです。

　さて、ベイズ統計の基本公式（本章1項の(2)式）において、事前分布 $\pi(\theta)=1$ とすると（すなわち一様分布を仮定すると）、

$$\text{事後分布}\pi(\theta|D) \quad \propto \quad \text{尤度}f(D|\theta) \quad \cdots(1)$$

となります。事後分布は尤度と（比例定数を除いて）一致します。すなわち、事前分布を一様分布に取ったとき、ベイズ統計の事後分布は最尤推定法の尤度関数と一致するのです！　事後分布の代表値として**最頻値（モード）**を採用すると、求める結果は最尤推定法と同一になるのはこのためです。

■具体例を調べよう

1章4項で調べた問題を最尤推定法で解いてみましょう。

> (例) ここにコインが一つある。このコインを5回投げたところ、表、表、裏、表、裏と出た。このコインの表の出る確率をθとし、このθを推定せよ。

(解1) 最尤推定法による推定

1章4項で調べたように、コインの表の出る確率をθとすると、裏の出る確率は$1-\theta$となります。よって、表、表、裏、表、裏の出る確率$L(\theta)$は、次のように表わされます。

$$L(\theta) = \theta \cdot \theta \cdot (1-\theta) \cdot \theta \cdot (1-\theta) = \theta^3(1-\theta)^2 \qquad \cdots(2)$$

これが尤度関数です。尤度関数$L(\theta)$をグラフに示したのが下図です。

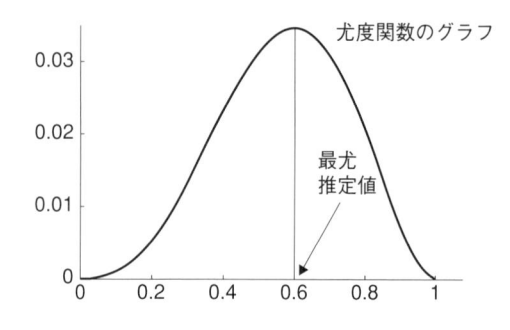

最尤推定法で利用される尤度関数のグラフ。

すでに調べたことですが (1章4項)、このグラフから、$\theta = 0.6$のときにもっともこの現象が起こりやすいことがわかります。したがって、コインの表の出る確率θは次のように推定されます (この値を**最尤推定値**と呼びます)。

$\qquad \theta = 0.6$ **(答)** $\quad \cdots(3)$

(解2) ベイズ統計による推定

尤度$f(D|\theta)$は、データDを {表、表、裏、表、裏} のセットと考えます。

$$\text{尤度} = \theta^2(1-\theta)\theta(1-\theta) = \theta^3(1-\theta)^2$$

ベイズ統計の基本公式(1)に代入して、事前確率を1（すなわち一様分布）とすれば、事後分布は(1)式から、

$$\text{事後分布} \propto \text{尤度} = \theta^3(1-\theta)^2 \quad \cdots(4)$$

となります。これは尤度関数(2)式と一致しています。

さて、分布の代表値としては、平均値、中央値（メジアン）、最頻値（モード）が有名ですが、ここで、最頻値（すなわち分布関数の最大値を与える点）をその分布関数の代表値として採用してみましょう。

すると、(2)式と(4)式が（定数を除いて）一致するので、ベイズ統計の解と最尤推定法の解とは当然一致します。すなわち、

$$\text{事後分布の最頻値（モード）} = 0.6 \quad \textbf{（答）} \quad \cdots(5)$$

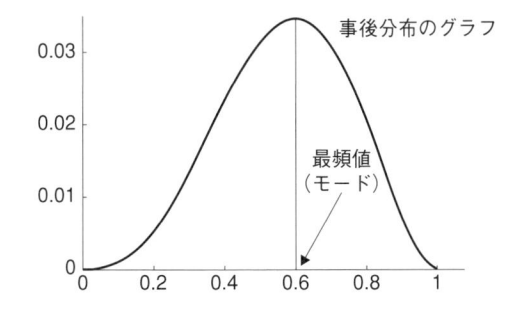

事前分布を一様分布に取り、事後分布の代表値を最頻値（モード）とすると、最尤推定法の推定値とベイズ推定値とは一致する。

最尤推定法の答えが(3)式、ベイズ統計による推定の答えが(5)式で、当然一致しています。こうして、本項の最初で述べた、

「事前分布を一様分布に取ったベイズ統計の最頻値（モード）は最尤推定法と一致する」

の意味がわかったと思います。

ちなみに、事後分布(4)式の平均値を、この分布の代表値に取ってみましょ

う。事後分布(4)式はベータ分布$Be(4, 3)$ですから、ベータ分布の公式（本章2項）を利用して、平均値は、

$$\theta の平均値 = \frac{4}{4+3} \fallingdotseq 0.57$$

となります。最尤推定法で得られた推定値0.6と異なる結果ですね。一般的に、ベイズ統計から得られる平均値は、最尤推定値と一致しないのが普通です。

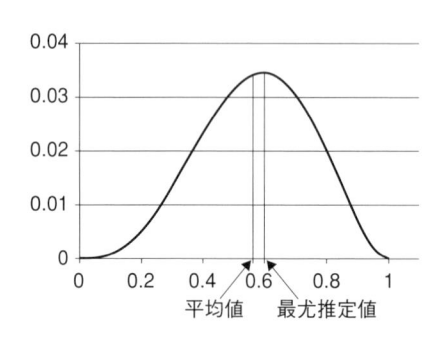

事後分布から得られる平均値と、最尤推定値とは一致しないのが普通。

5章
MCMC法で解くベイズ統計

ベイズ統計は事後分布をもとに計算します。しかし、その分布は複雑な関数の形をしているのが一般的です。その複雑な事後分布を自由に操るために利用するのがMCMC法です。事後分布から、それを擬した点列をサンプリングし、計算に利用します。

第5章

1 MCMC法とは？

4章では、事後分布がかんたんに算出できる**自然な共役分布**について調べました。自然な共役分布を事前分布として選ぶと、事後分布も同一タイプの分布になるのです。事後分布を求めることは、分布を規定するパラメータの変換に帰着することになります。

さて、近年、ベイズ統計はさまざまな分野で活用されています。そうなると、型にはまった「自然な共役分布」の発想だけでは対応できない尤度や分布が現われます。

そこで近年脚光を浴びているのがMCMC法を利用したベイズ統計の計算法です。この手法を使えば、どんな複雑な分布であっても、原理的には容易に対応できるのです。

■マルコフチェーン（MC）とは

MCMC法とは**マルコフチェーン・モンテカルロ法**の略語です。この言葉に含まれる「マルコフチェーン」（MC）とは、**ランダムウォーク**を一般化した確率過程です。ランダムウォーク（でたらめに歩く）とは、現在の地点を基準にして次の一歩がランダムに決まる歩き方をいいます。酔っぱらった人の歩き方に似ているので、**酔歩**とも呼ばれます。

酔っぱらった人がランダムに歩くとき、次の一歩はその手前の位置だけに関係し、それより以前の位置には関係しません。それ以前の位置は忘れ去られているからです。

ここまでの経過は忘れ去られている

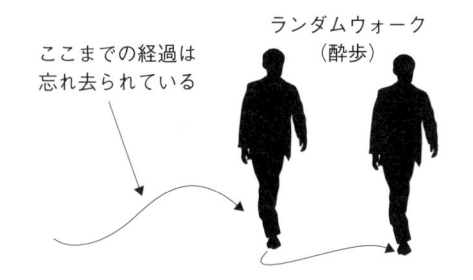

ランダムウォーク（酔歩）

ランダムウォークは、次の位置が前の位置だけに関係するランダムな歩き方。それ以前の位置の記憶は失われている。

ところで、マルコフチェーンは完全なランダム現象を記述するものではありません。完全なランダム現象では、一歩手前の情報すら忘れ去られてしまいます。

MCMC法は、マルコフチェーン、すなわち一歩手前だけの記憶を有するランダムウォークを利用します。完全なランダム現象を利用すると、効率のよいサンプリングはできないのです。かといって、複雑な確率過程を利用すると、計算が面倒になり汎用性が失われてしまいます。

一歩手前だけの記憶を有するランダムウォーク（マルコフチェーン）こそが、これから調べる効率のよい関数のサンプリングを実現するのです。

■モンテカルロ法（MC法）

モンテカルロ法の「モンテカルロ」とは、カジノで有名な地名から取られた名称です。「確率」的に数式処理を行なう技法をギャンブルに見立て、その名が付けられたのです。その意味では、マカオ法、ラスベガス法と名付けてもよかったかもしれませんね。

モンテカルロ法は、与えられた関数を再現するように点列を抽出（**サンプリング**）し、関数の積分をこれらサンプリングされた点の和に変換する技法です。複雑な形の関数や、振る舞いが激しい関数の積分に有効です。

モンテカルロ法の原理はかんたんです。国民全体の意見を調査したいときに、人口の多い地域からは多くのモニターを、少ない地域からは少数のモニターをサンプリングするのに似ています。人口の多寡に比例して、モニターをサンプ

リングするわけです。こうしてサンプリングされたモニターから意見を聞けば、国民全体から得られる調査結果とほぼ一致した結果を期待できることになります。

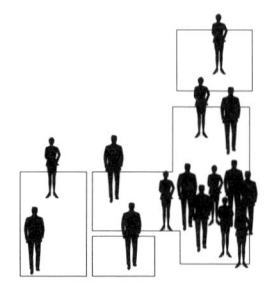

国民全体の動向を知るには、人口の多寡に比例して各地域からモニターを抽出（サンプリング）し、意見を聞き取る。モンテカルロ法はそのアイデアをまねしたもの。

> **MEMO 確率過程**
>
> 次の現象が前の現象から確率的に決定される過程を**確率過程**といいます。ここで取り上げたランダムウォークや株価の変動などが代表的です。ところで、株価は確率過程と考えられますが、今日の株価は昨日の株価だけでは確率的に決定されません。この株価のように、前の現象だけでは次の現象が確率的に決まらない確率過程は、マルコフチェーンとは呼ばないのです。

■**数学的にモンテカルロ法を表現すると**

モンテカルロ法を数学的な言葉で表現すると、次のようになります。

関数 $f(x)(\geq 0)$ の関数値に比例した密度の有限個の点をサンプリングする。

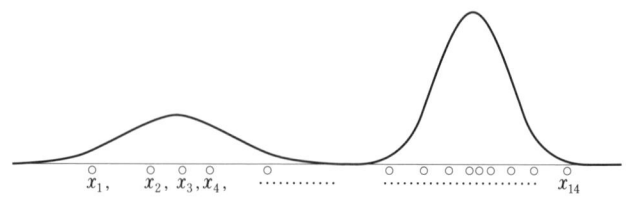

$x_1, \quad x_2, x_3, x_4, \quad \cdots\cdots\cdots\cdots \quad \cdots\cdots\cdots\cdots\cdots\cdots \quad x_{14}$

上の図では、簡略化のために14個の点を、関数値に比例してサンプリングし

ました。左から順に1、2、3、…、14と番号を打ち、その座標をx_1、x_2、…、x_{14}としましょう。ここで、ある関数$m(x)$とこの関数$f(x)$との積$m(x)f(x)$の積分を考えてみましょう。

$$\int m(x)f(x)dx$$

（注）積分区間は、確率変数xの定義されている範囲とします。

すると、この積分は次のような点列の和で近似されます。

$$\int m(x)f(x)dx \fallingdotseq \frac{m(x_1)+m(x_2)+\cdots+m(x_{14})}{14} \quad \cdots(1)$$

上のモニター調査の比喩でいうなら、$f(x)$が人口密度に、$m(x)$が意見に相当します。

特に「xの平均値」は、$m(x)=x$とおいて、次のようにかんたんに表現されます。

$$\int m(x)f(x)dx = \frac{x_1+x_2+\cdots+x_{14}}{14} \quad \cdots(2)$$

以上の結果を一般化するのは容易でしょう。

（注）詳細は付録G、Hを参照してください。

■なぜ積分が大切なの？

人の身長や製品の重さ、各種の経済指数など、連続的な値を取る確率変数の場合には、確率分布は確率密度関数で表現されます。この関数を$f(x)$と置くと、平均値や分散など、統計で重要な値は次のように積分で表現されることになります。

平均値：$\mu = \int xf(x)dx$

分散： $\sigma^2 = \int (x-\mu)^2 f(x)dx$ 　　（μは平均値）

ここで、積分範囲は確率密度関数が定義されているすべての範囲です。

このように、統計計算と積分とは密接な関係にあるのです。積分計算ができることが、統計解析を行なう上での重要な武器となるわけです。

> ## 📝 MEMO: Excelによる確率分布のサンプリング
>
> 確率分布$f(x)$が与えられたとき、その分布からデータをサンプリングするという作業は、その分布関数の大きさに比例して点列を選び出すことと同じです。すなわち、分布関数の「擬似分布」を得るのです。
>
> 代表的な分布関数からのサンプリングは、Excelでは、「データ」メニューにある「データ分析」ツールを利用すれば得られます。
>
> 実際の応用では、累積分布関数の逆関数を利用するとよいでしょう。たとえば、Excelの関数で正規分布のサンプリングを行なうには、正規分布の累積分布関数の逆関数NORMINV関数を利用し、次のように記述します(付録E参照)。
>
> =NORMINV (RAND(),平均値,標準偏差)
>
> これをn個のセルに埋め込めば、n個の点がサンプリングされます。

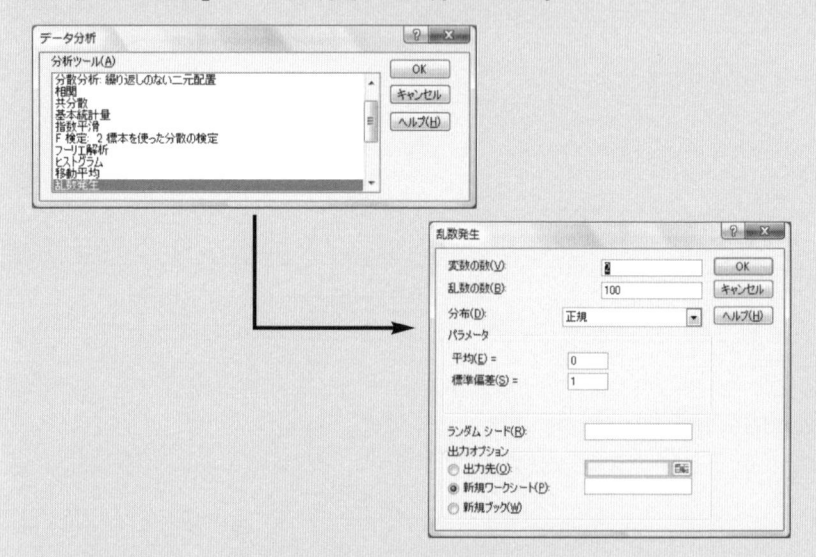

第5章

2 ギブス法のしくみ

　MCMC法には、いくつもの方法があります。本書では代表的な方法である**ギブス法**と**メトロポリス法**について調べることにします。コンピュータの発展とともに、さまざまなMCMC法がつくられ、改良されていますが、基本的なこの二つの方法を理解しておくことが大切です。

■ギブス法の考え方

　いま、2変数の確率分布を考え、それを山にたとえることにしましょう。その山を何日もかけて登る際に、キャンプ地点の位置（xy座標）を次のように決定します。

　まず登山の位置から東西（すなわちx方向）に山を見て適当な位置にキャンプの地点を選択（すなわちサンプリング）します。ここで「適当な位置」とは、東西に見た山の形を確率分布としたときに、その分布に従ってサンプリングした位置ということです。

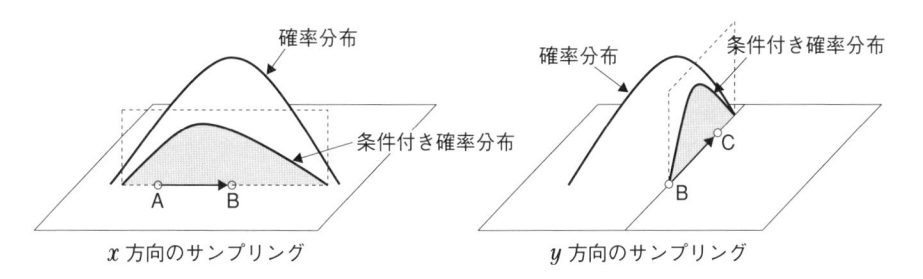

x方向のサンプリング　　　　　y方向のサンプリング

Aから東西に山の形を見て、それを確率分布として次の点Bをサンプリングします。次に、Bから南北に山の形を見て、それを確率分布として次の点Cをサンプリングします。これを繰り返すことで、もとの確率分布から点列をサンプリングする方法をギブス法といいます。

次に、そのキャンプの位置から南北（すなわちy方向）に山を見て適当な位置にキャンプ地点を選択（サンプリング）します。ここで「適当な位置」とは、南北に見た山の形を確率分布としたときに、「適当な位置」がその分布に従ってサンプリングした位置ということです。

さらに、いまのキャンプ地点から東西に山を見て適当な位置にキャンプ地点を選択（サンプリング）します。以下同様です。

これを繰り返すことで、そのキャンプ地点を集めた点列の密度が山の高さを上手に再現するサンプルになる、というのがギブス法です。

これを3変数以上に拡張することはかんたんでしょう。また、1変数の場合には、単に累積分布関数の逆関数から得られるサンプリングと一致します（付録E参照）。

■ギブス法の数式的な表現

以上のことを操作手順としてまとめてみましょう。いま、二つの確率変数x、yを持つ確率分布$p(x,y)$があるとしましょう。ギブス法を適用するには、次のステップを追います。

ギブス法の手順

step 1 　初期値y_0を指定する。

　　初期値は適当な値でよいでしょう。しかし、あまり非常識な値を採用すると、安定するまでの期間（**バーンイン**といいます）が大きくなり、計算をムダにします。

　　ちなみに、初期値としてy_0でなく、x_0を与えてもよいでしょう。その後の計算で、xとyを読み替えればよいからです。

step 2 　xの候補x_1を、確率分布$p(x,y_0)$からサンプリングします。

　　$p(x,y_0)$は$y=y_0$のときの条件付き確率を表わしています。

step 3 　yの候補y_1を、確率分布$p(x_1,y)$からサンプリングします。

$p(x_1, y)$ は $x = x_1$ のときの条件付き確率を表わしています。

<u>step 4</u>　x の候補 x_2 を、x の確率分布 $p(x, y_1)$ からサンプリングします。

<u>step 5</u>　y の候補 y_2 を、y の確率分布 $p(x_2, y)$ からサンプリングします。

<u>step 6</u>　以下 step 2、step 3 を繰り返します。

3 変数以上の場合についても、同様です。

なお、サンプリングするには、条件付き確率分布 $p(x, y_i)$、$p(x_i, y)$ がよく知られている関数、すなわちサンプリングが可能な関数であることが条件になります。たとえば、正規分布やガンマ分布の場合は、Excel などでかんたんにサンプリング操作を行なうことができます。なぜなら、そのための関数が用意されているからです。

さて、以上の計算操作で得られたサンプリングデータのうち、すべてを使うことはできません。最初の 1000～10000 個くらいは破棄する必要があります。それらは、適当に決めた初期値の影響を受ける部分だからです。先にも示したように、この部分をバーンイン（burn in）と呼びます。

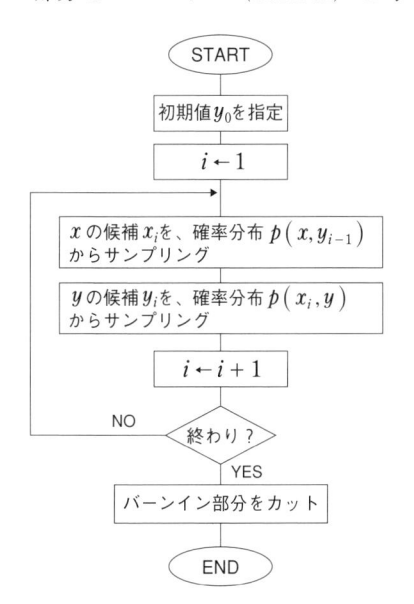

2 変数の確率分布に対するギブス法のアルゴリズム

■ギブス法には「自然な共役分布」が便利

　いま調べたように、ギブス法を利用するには、確率分布がよく知られているものである必要があります。そのほうが、サンプリングを容易に実行できるからです。

　さて、ベイズ統計では事後分布を用いて計算を行ないます。先の確率分布に相当するのは事後分布です。そこで、この事後分布が複雑なものではサンプリングが容易でなく、結果としてギブス法を利用できません。ギブス法でベイズ統計の計算を行なうには、事後分布がシンプルでなければならないのです。

　ところで、事後確率をかんたんにする技法については、すでに調べています。尤度に対して、自然な共役分布を事前確率として採用すればよいのでした（4章）。

　ベイズの定理における共役とは、「事前確率と事後確率とが同じタイプの分布に従う」ことをいいます。4章で調べたように、代表的な自然な共役分布には次のようなものがあります。

事前分布	尤度	事後分布
ベータ分布	二項分布	ベータ分布
正規分布	正規分布	正規分布
逆ガンマ分布	正規分布	逆ガンマ分布
ガンマ分布	ポアソン分布	ガンマ分布

MEMO Excelの関数でサンプリングできる分布

　条件付き事後分布が得られても、その分布からサンプリングできなければ、ギブス法を利用できません。ここで、Excelでサンプリングできる分布をまとめておきましょう。

事前分布	Excel関数名
ベータ分布	BETAINV
正規分布	NORMINV、NORMSINV
逆ガンマ分布	GAMMAINV
ガンマ分布	GAMMAINV

　逆ガンマ分布についてはExcelの関数で直接サンプリングすることができません。しかし、ガンマ分布でサンプリングした数値の逆数を利用すれば、逆ガンマ分布のサンプリングになるのです（4章5項、付録E参照）。

3 ギブス法の具体例を見てみよう

前項では、ギブス法の一般論を示しました。ここでは、その具体例を調べてみます。次の例を見てください。

> **（例）** 30人の学生について、5教科の共通学力テストを行ない、その平均点を次のように得た（満点は10点）。
> 　　6.0、10.0、7.6、3.5、1.4、2.5、5.6、3.0、2.2、5.0、
> 　　3.3、7.6、5.8、6.7、2.8、4.8、6.3、5.3、5.4、3.3、
> 　　3.4、3.8、3.3、5.7、6.3、8.4、4.6、2.8、7.9、8.9
> これから全国の学生の平均点 μ と分散 σ^2 の分布を調べよ。なお、作問者は平均点が5点になることを想定して問題をつくっているとする。

各学生の5科目の平均点は正規分布に従うと仮定しましょう。その正規分布の母数である平均値 μ と分散 σ^2 を未知とし、それらの分布を考えてみます。

■事前分布を仮定

まず事前分布を仮定します。

分散 σ^2 の事前分布については、なだらかに減少する逆ガンマ分布 $IG(0.01, 0.01)$ を仮定しましょう。

σ^2 の事前分布 $IG(0.01, 0.01)$

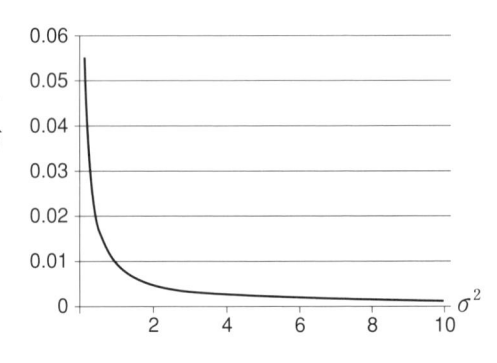

作問者が「平均点が5点になることを想定して問題をつくっている」ことが知られているので、平均値μの事前分布としては、平均値が5、分散が$4\sigma^2$の正規分布を仮定してみましょう。μの事前分布をなだらかな山型とするためです。

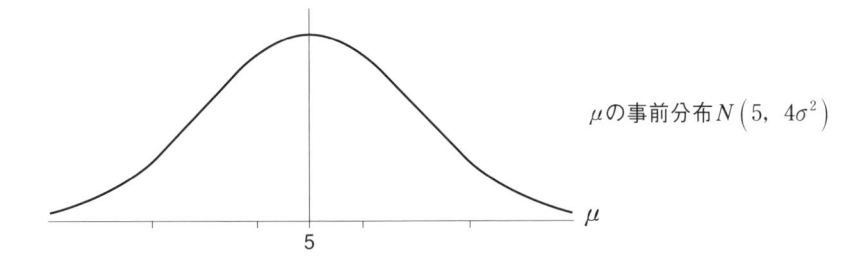

μの事前分布$N(5, 4\sigma^2)$

こうして、事前分布が仮定されました。

■事後分布を求める

ここで、4章4項の最後に調べた結果をまとめてみましょう。

正規分布に従うn個のデータx_1、x_2、…、x_nについて、それらの分散σ^2と平均値μの条件付き事前分布をそれぞれ、

$$\text{逆ガンマ分布}\, IG\left(\frac{n_0}{2}, \frac{n_0 S_0}{2}\right), \quad \text{正規分布}\, N\left(\mu, \frac{\sigma^2}{m_0}\right)$$

に取ると、σ^2、μの条件付き事後分布はそれぞれ

$$\text{逆ガンマ分布}\, IG\left(\frac{n_1+1}{2}, \frac{n_1 S_1 + m_1(\mu - \mu_1)^2}{2}\right) \quad \cdots (1)$$

$$\text{正規分布}\, N\left(\mu_1, \frac{\sigma^2}{m_1}\right) \quad \cdots (2)$$

となる。

ここでのパラメータの関係は、次のようになっています。

$$m_1 = m_0 + n、\quad n_1 = n_0 + n、\quad \mu_1 = \frac{n\bar{x} + m_0 \mu_0}{m_0 + n}$$

$$n_1 S_1 = n_0 S_0 + Q + \frac{m_0 n}{m_0 + n}(\bar{x} - \mu_0)^2 \qquad (Q\text{ はデータの変動})$$

問題となる成績データは平均値 μ、分散 σ^2 の正規分布に従うと仮定しています。したがって、この公式をそのまま適用できます。

早速、数値を代入してみましょう。データ数 n は30であり、分散 σ^2 の事前分布 $IG\left(\frac{n_0}{2}, \frac{n_0 S_0}{2}\right)$ には $IG(0.01, 0.01)$ を利用するので、

$$n_0 = 0.02、\quad S_0 = 1$$

を仮定します。また、平均値 μ の事前分布 $N\left(\mu_0, \frac{\sigma^2}{m_0}\right)$ には $N(5, 4\sigma^2)$ が仮定されているので次のように設定します。

$$\mu_0 = 5、\quad m_0 = 0.25$$

すると、事後分布のパラメータ値は次のように決まります。

$$m_1 = 0.25 + 30 = 30.25$$

$$n_1 = 0.02 + 30 = 30.02$$

$$n_1 S_1 = 0.02 \times 1 + 138.22 + \frac{0.25 \times 30}{0.25 + 30} \times (5.11 - 5)^2 = 138.24$$

$$\mu_1 = \frac{30 \times 5.11 + 0.25 \times 5}{0.25 + 30} = 5.11$$

ここで、与えられた成績のデータから次の値を求め、利用しています。

$$\text{平均値 } \bar{x} = 5.11、\quad \text{変動 } Q = 138.22$$

以上を先の公式(1)、(2)に代入すれば、条件付き事後分布が求められたことになります。こうして、ギブス法を適用する準備が整いました。

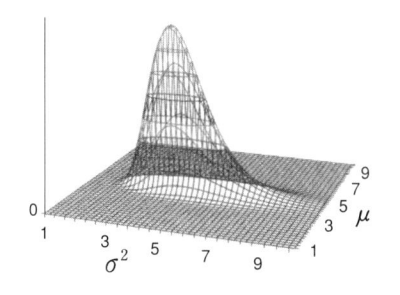

5章 MCMC法で解くベイズ統計

ギブス法でサンプリングされる確率密度関数のイメージ。μの値によって、グラフの形が変化することに注意。この山の形をもとに、前項で示した「キャンピング」を実行します。

■ギブス法のアルゴリズムを実行

前項で調べたギブス法のアルゴリズムをExcelで実行しましょう。

Excelでギブス法を実行したワークシートの例。シートのなかのβについては次項を参照。

このワークシートの説明は次項に回して、ひとまず結果を示します。

この点列が事後分布の擬似分布になっている

ギブス法で発生させた事後分布の数値サンプルのうち、最初の1000個はバーンイン部分として廃棄することにし、続く1000個を採用することにします。この数値のセットが事後分布のサンプル（擬似分布）となります。事後分布に関する統計計算は、以後、このサンプルで代替できます。

たとえば、事後分布から得られる母数μの平均値は、次のように得られます。

AVERAGE (E1010：E2009)

積分などの操作は不要なのです。母数μの平均値の計算結果を、もう一つの母数である分散σ^2の平均値とともに、以下に示しておきます。

	μ	σ^2
平均値	5.10	4.89

サンプリングされた分散σ^2と平均値μの点列の散らばりの様子をグラフにしてみます。これらの点列が事後確率を擬似したものになっているのです。

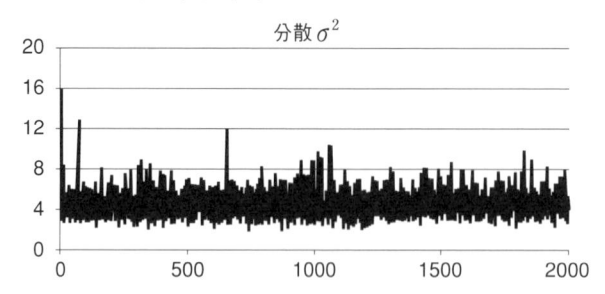

分散σ^2のサンプリング結果。最初から1000個目まではバーンインの部分として廃棄している。

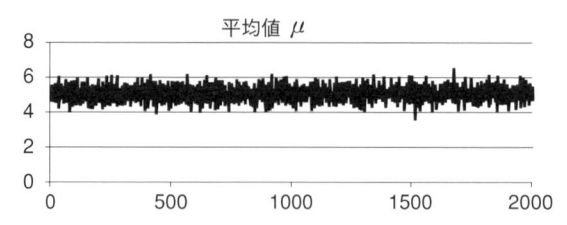

平均値μのサンプリング結果。分散σ^2と同様に、最初から1000個目まではバーンインの部分として廃棄している。

μ、σ^2の平均値をもとに、μ、σ^2の条件付き事後分布のグラフを描いてみましょう。μ、σ^2の一方にその平均値を代入して得られた条件付きの分布関数のグラフです。おおむね、このような形からμ、σ^2のサンプリングが実行されたことになります。

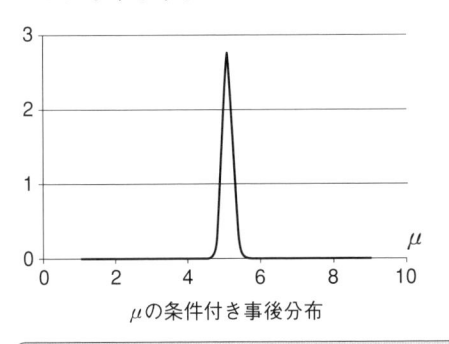

μの条件付き事後分布

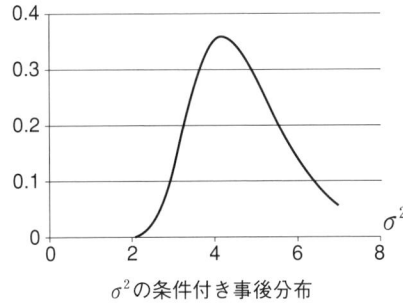

σ^2の条件付き事後分布

MEMO　Excelで3Dグラフ

153ページに、μとσ^2とからなる逆ガンマ分布の確率密度関数

$$IG\left(\sigma^2, \frac{n_1+1}{2}, \frac{n_1 S_1}{2} + \frac{1}{2}m_1(\mu - \mu_1)^2\right)$$

の3D図を提示しました。Excelを利用するとかんたんに描くことができ、分布の様子を知るのに便利です。これは、下の「等高線描画機能」を使います。

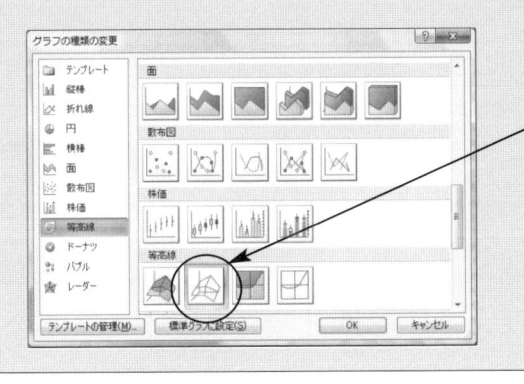

等高線描画機能を利用する

4 ギブス法とExcel

前項までで、ギブス法の原理とその適用例を調べました。このギブス法は、Excelを利用するとかんたんに実行できます。ここでは、そのワークシートについて解説しましょう。ワークシート作成には、次の手順①〜⑦を行ないます。

①パラメータの設定

事後分布の確定に必要なパラメータを設定します。この設定がギブス法のもっとも大切なポイントです。データに当てはめる統計モデルのパラメータを与えることになるからです。

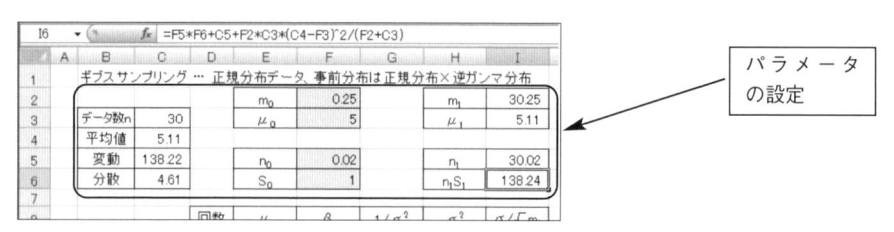

> パラメータの設定

②初期値を設定

サンプリングの「種」になる変数σ^2の初期値を設定します。後の手順④のことを考えて、逆数$\dfrac{1}{\sigma^2}$の初期値（下図は$\dfrac{1}{4}$）を指定します。

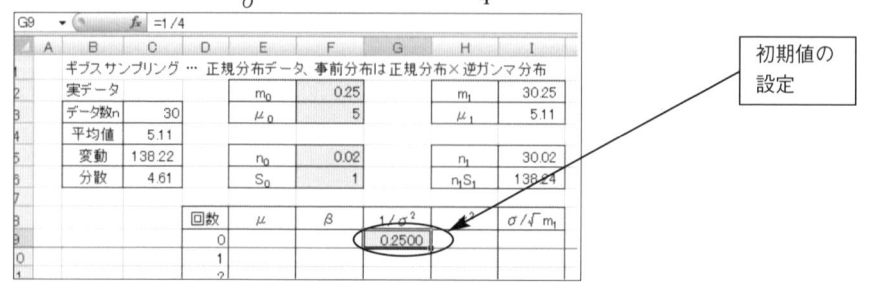

> 初期値の設定

指定した $\frac{1}{\sigma^2}$ の値から、次の手順③で必要な σ^2、$\frac{\sigma}{\sqrt{m_1}}$ の値も算出しておきます。

③平均値 μ のサンプリング

手順②で与えられた σ^2 の値のもとに、条件付き事後分布 $N\left(\mu_1, \frac{\sigma^2}{m_1}\right)$ から μ の値をサンプリングします。サンプリングにはNORMINV関数を利用します。

	A	B	C	D	E	F	G	H	I
1		ギブスサンプリング … 正規分布データ、事前分布は正規分布×逆ガンマ分布							
2		実データ			m_0	0.25		m_1	30.25
3		データ数n	30		μ_0	5		μ_1	5.11
4		平均値	5.11						
5		変動	138.22		n_0	0.02		n_1	30.02
6		分散	4.61		S_0	1		$n_1 S_1$	138.24
7									
8					回数	μ	β	$1/\sigma^2$	σ^2	$\sigma/\sqrt{m_1}$
9					0			0.2500	4.0000	0.3636
10						4.6713				
11					2					

E10セル: `=NORMINV(RAND(),$I$3,I9)`

→ μ の1回目のサンプリング

④分散 σ^2 のサンプリング

手順③で得た μ の値から逆ガンマ分布のパラメータが確定するので、その μ を固定した条件付き事後分布 $IG\left(\frac{n_1+1}{2}, \frac{n_1 S_1}{2} + \frac{1}{2}m_1(\mu - \mu_1)^2\right)$ から、分散 σ^2 の値をサンプリングします。

MEMO

GAMMAINV関数

5章2項(149ページ)の<メモ>で示したように、逆ガンマ分布をサンプリングするExcel関数はありません。逆ガンマ分布のサンプリングには、Excelの関数GAMMAINVを次のように利用します(4章4項)。

  GAMMAINV(確率, α, $1/\lambda$)   (詳細は付録E参照)

この逆数が分散 σ^2 のサンプリング値になります。

ただし、指定するパラメータが長いので、先に、

$$\beta = \frac{n_1 S_1}{2} + \frac{1}{2} m_1 (\mu - \mu_1)^2$$

を算出しておきました。

前ページの＜メモ＞に記載したように、ガンマ分布でサンプリングされた数値の逆数を利用します（詳細は付録Eを参照）。

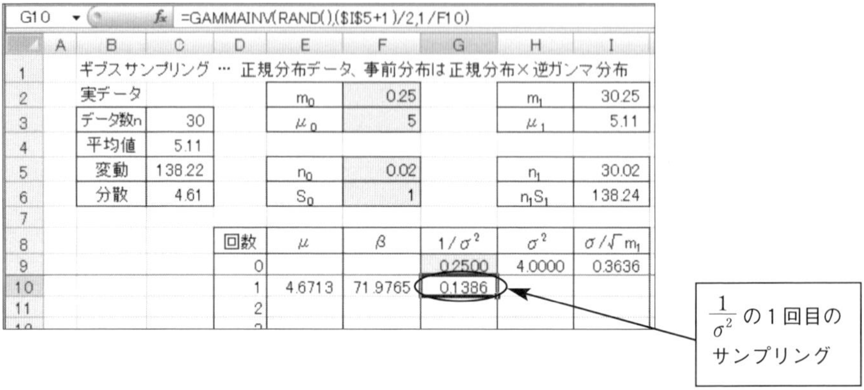

	A	B	C	D	E	F	G	H	I
1		ギブスサンプリング … 正規分布データ、事前分布は正規分布×逆ガンマ分布							
2		実データ			m_0	0.25		m_1	30.25
3		データ数n	30		μ_0	5		μ_1	5.11
4		平均値	5.11						
5		変動	138.22		n_0	0.02		n_1	30.02
6		分散	4.61		S_0	1		$n_1 S_1$	138.24
7									
8				回数	μ	β	$1/\sigma^2$	σ^2	$\sigma/\sqrt{m_1}$
9				0			0.2500	4.0000	0.3636
10				1	4.6713	71.9765	0.1386		
11				2					

$\dfrac{1}{\sigma^2}$ の1回目のサンプリング

⑤再度、平均値μのサンプリング

2回目のサンプリングに入ります。手順③と同様、手順④でサンプリングされたσ^2の値のもとに、再度μの値をサンプリングするのです。

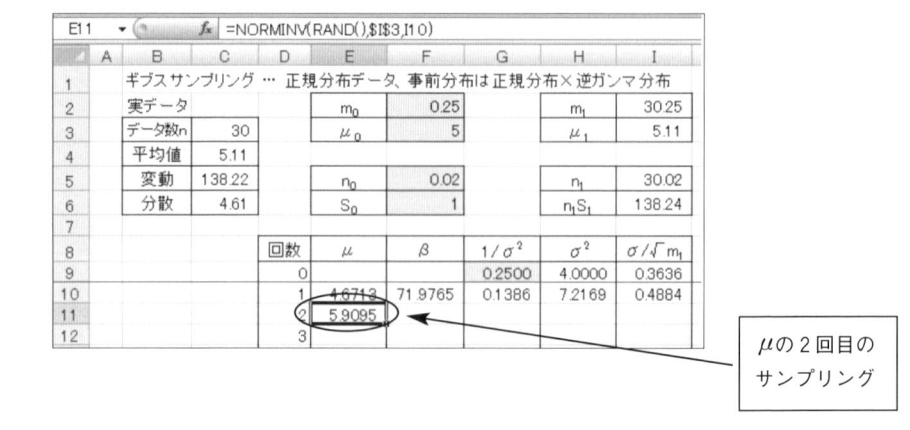

	A	B	C	D	E	F	G	H	I
1		ギブスサンプリング … 正規分布データ、事前分布は正規分布×逆ガンマ分布							
2		実データ			m_0	0.25		m_1	30.25
3		データ数n	30		μ_0	5		μ_1	5.11
4		平均値	5.11						
5		変動	138.22		n_0	0.02		n_1	30.02
6		分散	4.61		S_0	1		$n_1 S_1$	138.24
7									
8				回数	μ	β	$1/\sigma^2$	σ^2	$\sigma/\sqrt{m_1}$
9				0			0.2500	4.0000	0.3636
10				1	4.6713	71.9765	0.1386	7.2169	0.4884
11				2	5.9095				
12				3					

μの2回目のサンプリング

⑥ 1回目のサンプリングをコピー

手順⑤からわかると思いますが、1回目のサンプリングの計算式を、ほしいサンプル数の分だけコピーします。ここでは2000回分コピーすることにします。

10行目の関数を2000行分コピー

⑦ バーンイン部分のカット

手順①で与えた初期値の影響がある部分をカットします。たとえば、母数 μ の平均値の算出には、1001回目から2000回目までのサンプリング値を利用しています。

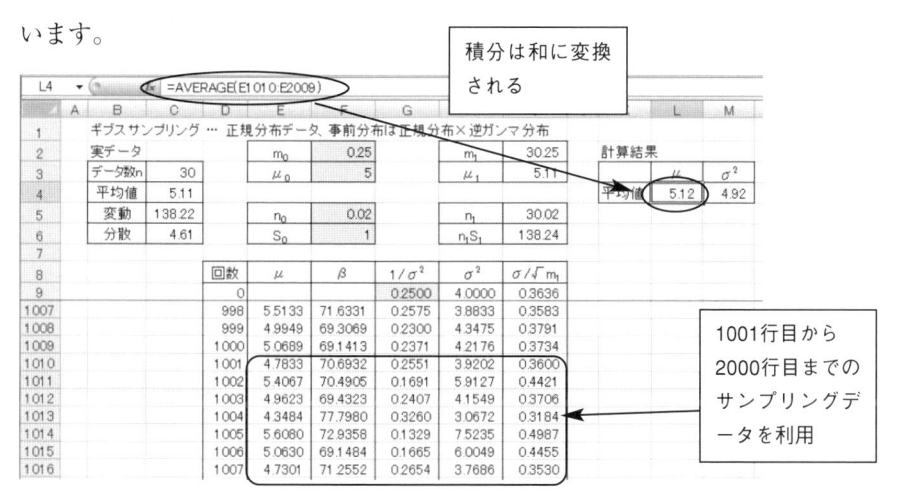

積分は和に変換される

1001行目から2000行目までのサンプリングデータを利用

第5章

5 メトロポリス法のしくみ

　ギブス法を採用するには、事後分布がよく知られた関数になる必要があります。そうでないと条件付きの事後分布からサンプリングできないからです。

　しかし、統計モデルが複雑になると、必然的に事後分布の関数も複雑になります。「事後分布がよく知られた関数に」というギブス法の要求に応えられなくなるのです。

　そこで、複雑なままでサンプリングする技法が開発されました。その解決案の一つが**メトロポリス法**です。この方法はわかりやすく、Excelでかんたんに利用することができます。

■メトロポリス法とは

　一般的にモンテカルロ法は分布関数の擬似乱数を発生させる技法です。分布関数の値に比例した密度の点列をサンプリングし、その点列で分布関数を擬似します。こうすることで、統計計算に必要なさまざまな積分が、その点列の和に置き換えられます。

　メトロポリス法を利用して分布関数の擬似点列をサンプリングする方法は、麓（ふもと）部分では一気に駆け上がり、山頂部分では長く留まる登山者のイメージに重なります。

　すなわち、関数$p(x)$（≥ 0）のグラフを山と考え、グラフが上り坂のときにはどんどん登り、下りになったなら渋々下るように登山者を操るのです。そうすれば、登山者の足跡が$p(x)$に似せた点列のサンプリングになります。

　数学的にいえば、現在の登山者の位置x_tから、次の位置x_{t+1}を次のように決めることになります。まず、ランダムに歩幅εを決め、一歩先の地点を見ま

す。その位置を x'（$= x_t + \varepsilon$）とします。そして、以下の規則に従って、次の位置に踏み出すかどうかを決定するのです。

> $p(x') \geqq p(x_t)$ ならば　　$x_{t+1} = x'$
>
> $p(x') < p(x_t)$ ならば $\begin{cases} \text{確率 } r & \text{で} x_{t+1} = x' \\ \text{確率} 1-r & \text{で} x_{t+1} = x_t \end{cases}$

ここで、確率 r は次のように決められます。

$$r = \frac{p(x')}{p(x_t)}$$

以上の原理を言葉で表現すると、次のようになります。

> 上り坂ならば無条件に一歩登る。
> 下り坂ならば、その勾配 r に応じて一歩進むか留まるかを決める。

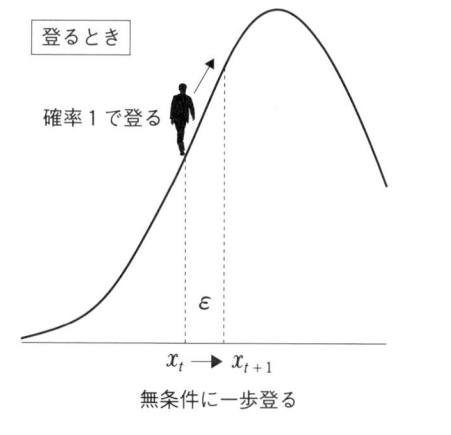

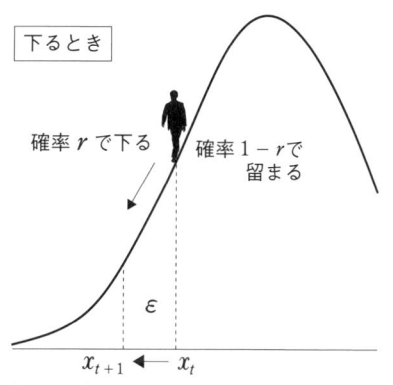

登るとき	下るとき
確率 1 で登る	確率 r で下る　確率 $1-r$ で留まる
$x_t \rightarrow x_{t+1}$	$x_{t+1} \leftarrow x_t$
無条件に一歩登る	勾配 r に応じて一歩進むか留まるかを決める。

（注）厳密なことは付録Hを参照してください。

こうして、分布関数の大きさに比例した密度の点列が得られることになります。

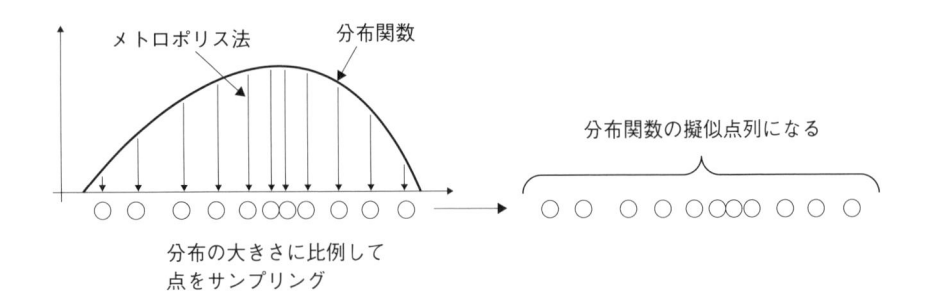

図中ラベル:
- メトロポリス法
- 分布関数
- 分布関数の擬似点列になる
- 分布の大きさに比例して点をサンプリング

> **MEMO メトロポリス・ヘイスティングス法**
>
> メトロポリス法を改良し、さらに効率よくサンプリングを可能にしたアルゴリズムをメトロポリス・ヘイスティングス法といいます。このアルゴリズムは、161ページに示した確率 γ として、
>
> $$\gamma = \frac{p(x')q(x_t|x')}{p(x_t)q(x'|x_t)}$$
>
> を用います。$q(x'|x_t)$ を提案密度といいますが、これを工夫することで、一般的なMCMC問題への対応がしやすくなります。
>
> ちなみに、メトロポリスもヘイスティングスも人の名です。

■多変数の場合

確率変数が複数あるときには、ここで解説した x をベクトル、すなわち多次元座標と解釈します。また、ランダムな歩幅 ε もベクトル、すなわち多次元座標と解釈します。そうすることで、複数の確率変数の場合にも、そのまま上記の内容が拡張されます。

■まとめてみよう

メトロポリス法をチャートにまとめてみましょう。これをもとに、Excelでかんたんにメトロポリス法を実行できます。

メトロポリス法のアルゴリズム

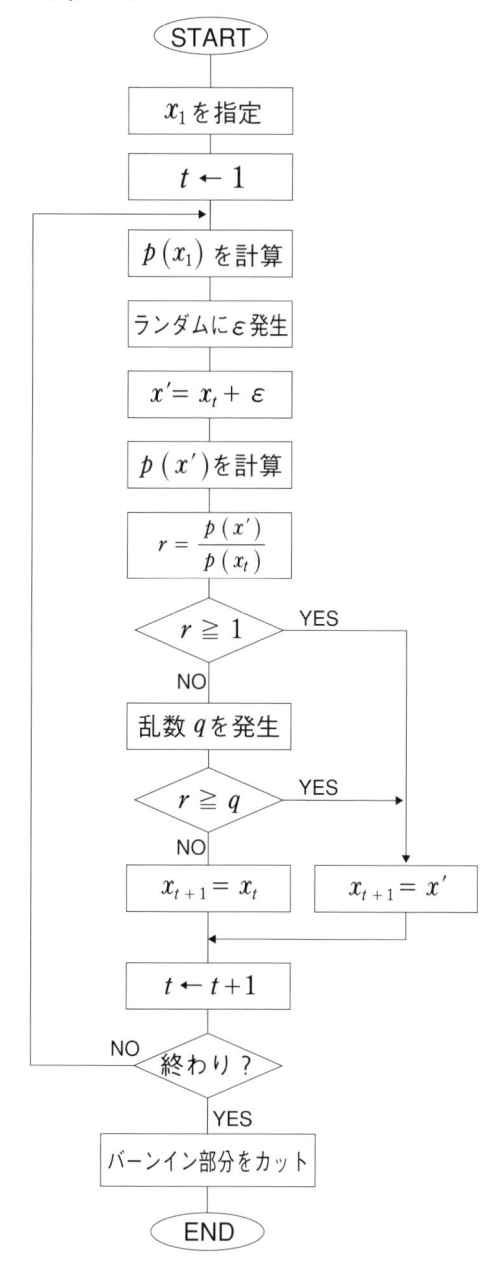

```
         START
           │
           ▼
       $x_1$ を指定
           │
           ▼
       $t \leftarrow 1$
           │
    ┌─────▶│
    │      ▼
    │  $p(x_1)$ を計算
    │      │
    │      ▼
    │  ランダムに $\varepsilon$ 発生
    │      │
    │      ▼
    │  $x' = x_t + \varepsilon$
    │      │
    │      ▼
    │  $p(x')$ を計算
    │      │
    │      ▼
    │  $r = \dfrac{p(x')}{p(x_t)}$
    │      │
    │      ▼
    │   $r \geq 1$ ──YES──┐
    │      │NO            │
    │      ▼              │
    │  乱数 $q$ を発生     │
    │      │              │
    │      ▼              │
    │   $r \geq q$ ──YES──┤
    │      │NO            │
    │      ▼              ▼
    │  $x_{t+1} = x_t$   $x_{t+1} = x'$
    │      │              │
    │      │◀─────────────┘
    │      ▼
    │  $t \leftarrow t+1$
    │      │
    │      ▼
    └─NO─ 終わり？
           │YES
           ▼
     バーンイン部分をカット
           │
           ▼
          END
```

6 メトロポリス法の具体例を見てみよう

第5章

　前項では、メトロポリス法の仕組みを、麓部分では一気に駆け上がり、山頂部分では長く留まる、下るときには慎重な登山者のイメージで説明しました。ここでは、メトロポリス法の具体例を示しましょう。本章3項のギブス法で調べたデータで、考えることにします。

■具体例で調べてみよう

> （例）30人の学生について、5教科の共通学力テストを行ない、その平均点を次のように得た（満点は10点）。
> 　　6.0、10.0、7.6、3.5、1.4、2.5、5.6、3.0、2.2、5.0、
> 　　3.3、7.6、5.8、6.7、2.8、4.8、6.3、5.3、5.4、3.3、
> 　　3.4、3.8、3.3、5.7、6.3、8.4、4.6、2.8、7.9、8.9
> 　これから全国の学生の平均点μと分散σ^2の分布を調べてみよう。なお、作問者は平均点が5点になることを想定して問題をつくっているとする。

　各学生の5教科の平均点は正規分布に従うと仮定します。その正規分布の母数である平均値μと分散σ^2を未知とします。その平均値μと分散σ^2の分布を調べてみましょう。

■事前分布を仮定する

　ギブス法のとき（本章3項）と同様に、事前分布を設定してみましょう。
　分散σ^2の事前分布については、なだらかに減少する逆ガンマ分布

$IG(0.01, 0.01)$ を仮定します。また、平均値 μ については、作問者が「平均点が 5 点になることを想定して問題をつくっている」ことから、μ の事前分布 $\pi(\mu|\sigma^2)$ として、平均値が 5 でなだらかな山型となる $N(5, 4\sigma^2)$ を仮定します。ここまでは、本章 3 項と同じです。

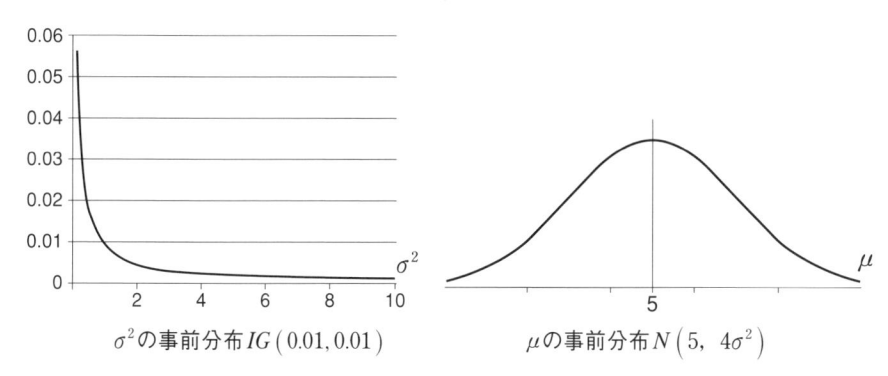

σ^2 の事前分布 $IG(0.01, 0.01)$　　　μ の事前分布 $N(5, 4\sigma^2)$

■事後分布を確認する

4 章 4 項で調べた結果をここにまとめてみましょう。

（注）詳細は付録Cを参照してください。

分散 σ^2 と平均値 μ の正規分布に従う n 個のデータ x_1、x_2、…、x_n について、それらの分散 σ^2 と平均値 μ の事前分布をそれぞれ、

$$\text{逆ガンマ分布} IG\left(\frac{n_0}{2}, \frac{n_0 S_0}{2}\right)、 \text{正規分布} N\left(\mu_0, \frac{\sigma^2}{m_0}\right)$$

とすると、事後分布は

$$\text{事後分布} \propto \left(\sigma^2\right)^{-\frac{n_1+1}{2}-1} e^{-\frac{n_1 S_1 + m_1(\mu-\mu_1)^2}{2\sigma^2}} \quad \cdots (1)$$

となる。ここで、

$$m_1 = m_0 + n、n_1 = n_0 + n$$
$$n_1 S_1 = n_0 S_0 + Q + \frac{m_0 n}{m_0 + n}(\bar{x} - \mu_0)^2、\mu_1 = \frac{n\bar{x} + m_0 \mu_0}{m_0 + n}$$

また、$\bar{x}$ はデータの平均値、Q はデータの変動である。

この公式に数値を代入してみましょう。データ数nは30であり、分散σ^2の事前分布$IG\left(\frac{n_0}{2}, \frac{n_0 S_0}{2}\right)$には$IG(0.01, 0.01)$を利用するので、

$$n_0 = 0.02、S_0 = 1$$

を仮定します。また、平均値μの事前分布$N\left(\mu_0, \frac{\sigma^2}{m_0}\right)$には$N(5, 4\sigma^2)$が仮定されているので、次のように設定します。

$$\mu_0 = 5、m_0 = 0.25$$

すると、事後分布のパラメータ値は次のように決まります。

$$m_1 = 0.25 + 30 = 30.25$$
$$n_1 = 0.02 + 30 = 30.02$$
$$n_1 S_1 = 0.02 \times 1 + 138.22 + \frac{0.25 \times 30}{0.25 + 30} \times (5.11 - 5)^2 = 138.24$$
$$\mu_1 = \frac{30 \times 5.11 + 0.25 \times 5}{0.25 + 30} = 5.11$$

ここで、与えられた成績のデータから次の値を求め利用しています。

$$平均値 \bar{x} = 5.11、変動 Q = 138.22$$

以上の値を先の公式(1)、すなわち、

$$事後分布 \propto (\sigma^2)^{-\frac{n_1+1}{2}-1} e^{-\frac{n_1 S_1 + m_1(\mu - \mu_1)^2}{2\sigma^2}} \quad \cdots (2)$$

に代入すれば、事後分布が具体的に求められたことになります。

事後分布が確定したので、メトロポリス法を適用する準備が整いました。事後分布を山にたとえるなら、事後分布(2)式は次の図のように描けます。この山を対象に、前項で示した「山登り」を実行すればよいのです。

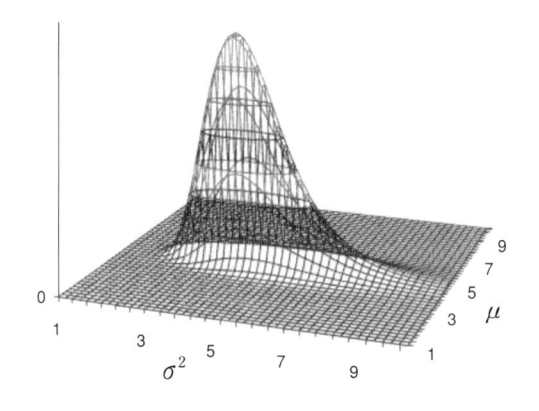

5章 MCMC法で解く ベイズ統計

分布(2)のイメージ。μ、σ^2について、この山の高さに比例した密度の点列をサンプリングするのが目標になる。それには、この山を対象に、前項で示した「山登り」を実行すればよい。

■メトロポリス法のアルゴリズムを実行

先に調べたメトロポリス法のアルゴリズムを実行しましょう。メトロポリス法はExcelでかんたんに実行できます。

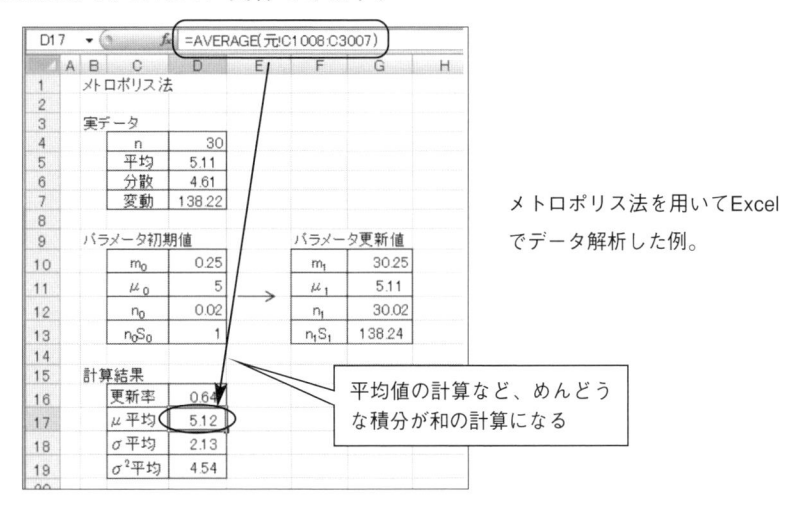

メトロポリス法を用いてExcelでデータ解析した例。

平均値の計算など、めんどうな積分が和の計算になる

このワークシートの説明は次項に回して、ここでは、その結果を示します。

	μ	σ^2
平均値	5.12	4.54

ギブス法のときにも調べましたが、モンテカルロ法を利用すると、連続的な確率変数の平均値や分散は、単純なサンプルの和で求められます。たとえば、先のワークシートで、μの平均値をAVERAGE関数で求めていることに留意してください。複雑な積分は利用していません。

　サンプリングされた分散σ^2と平均値μの点列の散らばりの様子をグラフにしてみます。これらの点列が事後確率を擬似したものになっているのです。

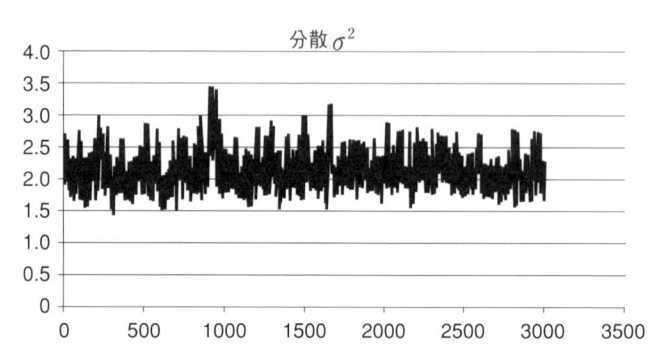

分散σ^2のサンプリング結果。最初から1000個目まではバーンインの部分として廃棄している。

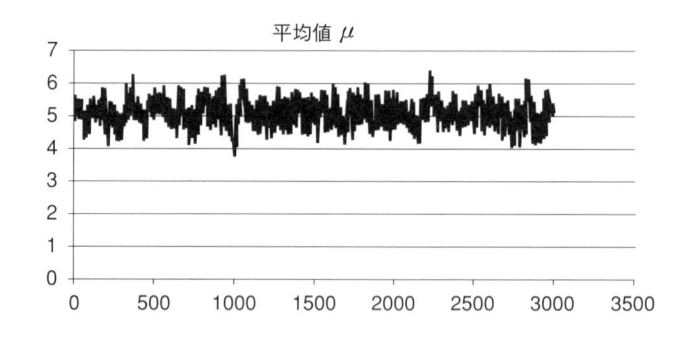

平均値μのサンプリング結果。分散σ^2と同様に、最初から1000個目まではバーンインの部分として廃棄している。

> ## MEMO: MCMC法の「歩幅」の設定
>
> メトロポリス法を実行するときには、「次の位置」へ進む間隔を設定しなければなりません。これを大きく取ると安定するのに計算ステップ数が増え、小さくすると窪みにはまり込んでしまいます。いずれにせよ、よいサンプル採取に到達するのに手間取ることになるのです。
>
> つまり、「次の位置」へ進む間隔の見極めがMCMC法では大切です。ほどよくサンプリングされているかどうかは、左に示した図が適度に散らばって安定していることで確かめられます。

第5章

7 Excelでメトロポリス法

　メトロポリス法はExcelでかんたんに利用できます。ここでは、前項で用いた例を利用して、その算出法を調べてみます。

　メトロポリス法をExcelで実行するには、本章5項で調べた「山登り」のイメージをワークシートで追うのがわかりやすいでしょう。そこで、その山登りのイメージを追って下図のように7枚のワークシートを作成しました。このシート1枚1枚を調べて、その手順（①〜⑪）を見てみましょう。

●7枚のワークシート

35	28	5.2861	2.5256
36	29	5.2861	2.5256
37	30	5.2861	2.5256
38	31	4.9687	2.1415
39	32	4.9937	1.9196

データと結果 / 元 / p元 / ε / 候補 / p候補 / 新旧確率比 / サンプリング

（注）上のシートのうち「データと結果」シートは利用データと、その計算結果をまとめたもので、アルゴリズムとは関係ありません。

①初期値を設定する

　「元」ワークシートで、最初の「一歩」となるμ_0、σ_0を設定します。これは本章5項で調べたマルコフ連鎖の初期値x_0を設定することに対応しています。

　（注）ここでは分散σ_0^2ではなく、標準偏差σ_0をパラメータとして採用します。

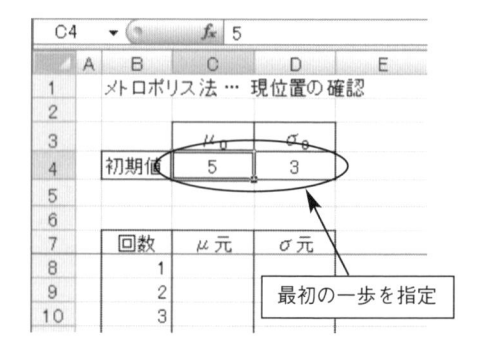

メトロポリス法 … 現位置の確認

	μ_0	σ_0
初期値	5	3

最初の一歩を指定

回数	μ元	σ元
1		
2		
3		

②現在の値を確定する

「元」ワークシートで、現在位置を確定します。これは本章5項で調べたマルコフ連鎖の位置x_tを決めることに対応しています。

	A	B	C	D	E
	C8		f_x =C4		
1		メトロポリス法 … 現位置の確認			
2					
3			μ_0	σ_0	
4		初期値	5	3	
5					
6					
7		回数	μ元	σ元	
8		1	5.0000	3.0000	
9		2			
10		3			

→ 最初の一歩の位置を現在位置として指定

③現在位置での確率計算を行なう

「p_元」ワークシートで、手順②で求めた現在位置での確率密度を求めます。すなわち、本章5項で調べたマルコフ連鎖の確率$p(x_t)$の値を求めるのです。この確率密度$p(x_t)$は事後分布（本章6項(2)式）で与えられています。

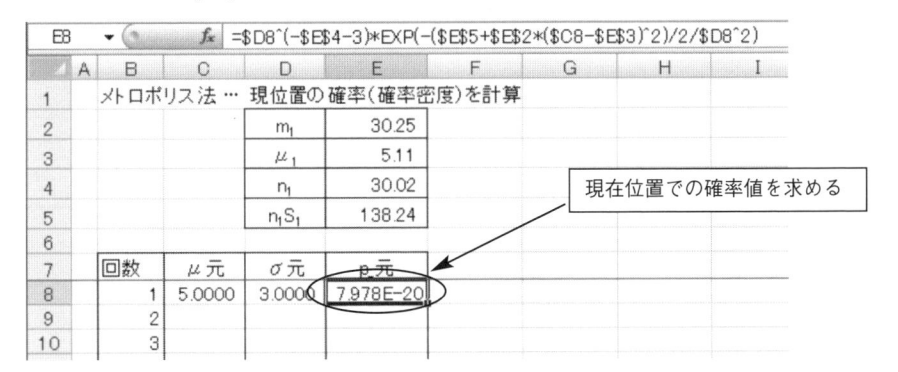

	A	B	C	D	E	F	G	H	I
	E8		f_x =$D8^(-$E$4-3)*EXP(-($E$5+$E$2*($C8-$E$3)^2)/2/$D8^2)						
1		メトロポリス法 … 現位置の確率(確率密度)を計算							
2				m_1	30.25				
3				μ_1	5.11				
4				n_1	30.02				
5				$n_1 S_1$	138.24				
6									
7		回数	μ元	σ元	p_元				
8		1	5.0000	3.0000	7.978E-20				
9		2							
10		3							

→ 現在位置での確率値を求める

④次の一歩をランダムに確定する

「ε」ワークシートで、次の「一歩」を求めます。ここでは正規乱数を利用して、次の一歩を求めています。本章5項で調べたマルコフ連鎖の候補値x'を求める式$x_t + \varepsilon$のεを求めることに相当します。

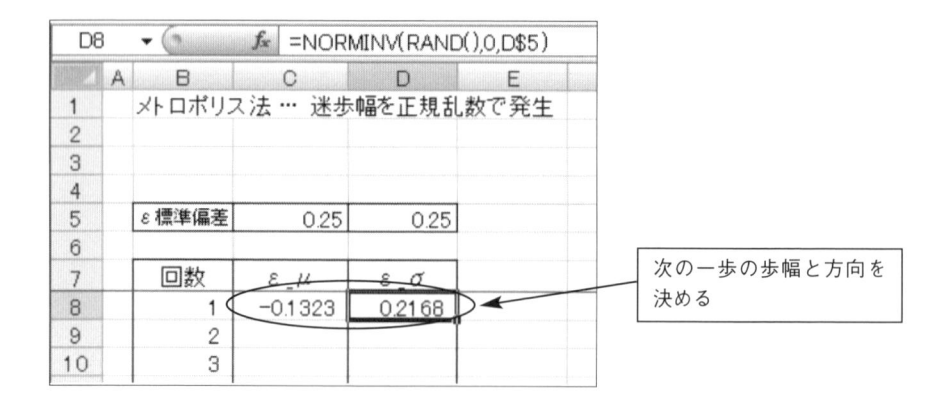

	D8		f_x	=NORMINV(RAND(),0,D$5)	
	A	B	C	D	E
1		メトロポリス法 … 迷歩幅を正規乱数で発生			
2					
3					
4					
5		ε標準偏差	0.25	0.25	
6					
7		回数	ε_μ	ε_σ	
8		1	−0.1323	0.2168	
9		2			
10		3			

次の一歩の歩幅と方向を決める

⑤候補位置を確定する

「候補」ワークシートで、手順②の「元」ワークシートの現在位置に、手順④の「一歩」を加え、候補位置を求めます。本章5項で調べたマルコフ連鎖の候補値 $x' = x_t + \varepsilon$ を計算したことになります。

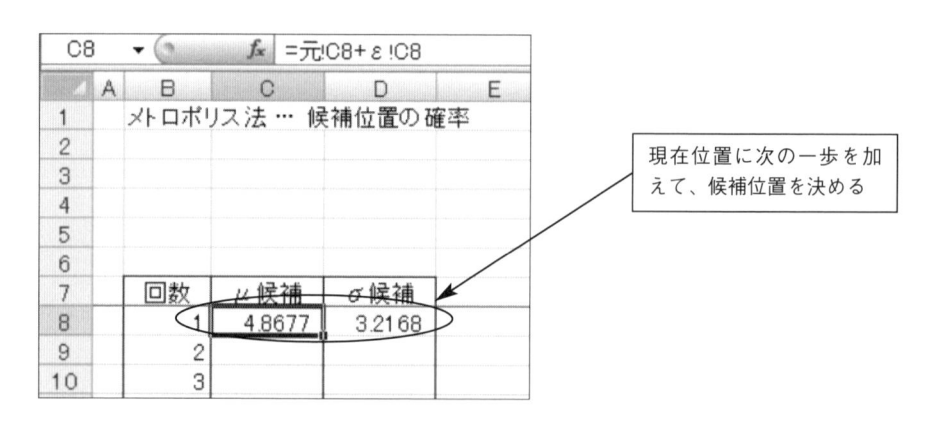

	C8		f_x	=元!C8+ε!C8	
	A	B	C	D	E
1		メトロポリス法 … 候補位置の確率			
2					
3					
4					
5					
6					
7		回数	μ候補	σ候補	
8		1	4.8677	3.2168	
9		2			
10		3			

現在位置に次の一歩を加えて、候補位置を決める

⑥候補位置での確率計算を行なう

「p_候補」ワークシートで、手順⑤で求めた候補位置での確率値を求めます。すなわち、本章5項で調べたマルコフ連鎖の候補値 x' について、確率密度 $p(x')$ の値を求めるのです。確率密度 $p(x')$ は事後分布(本章6項(2)式)で与えられています。

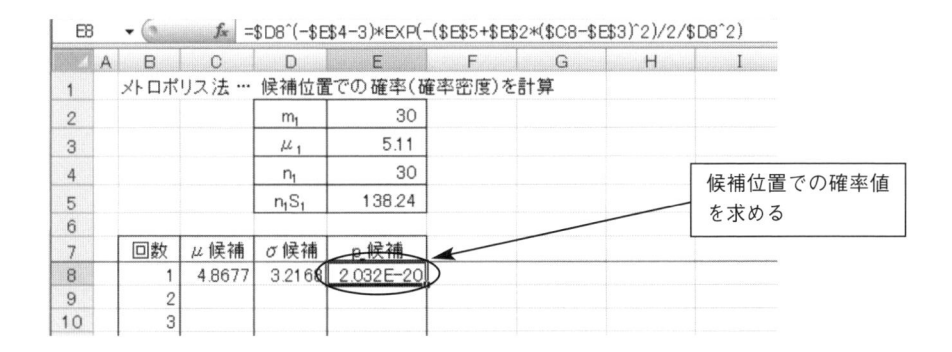

5章 MCMC法で解くベイズ統計

```
E8    fx  =$D8^(-$E$4-3)*EXP(-($E$5+$E$2*($C8-$E$3)^2)/2/$D8^2)
```

	A	B	C	D	E	F	G	H	I
1		メトロポリス法 … 候補位置での確率(確率密度)を計算							
2				m_1	30				
3				μ_1	5.11				
4				n_1	30				
5				$n_1 S_1$	138.24				
6									
7		回数	μ候補	σ候補	p候補				
8		1	4.8677	3.2166	2.032E-20				
9		2							
10		3							

→ 候補位置での確率値を求める

⑦現在位置と候補位置での確率比 r を計算する

「新旧確率比」ワークシートで、手順③と手順⑥で得た現在位置と候補位置での確率値の比を求めます。すなわち、本章5項で調べた $r = \dfrac{x(x')}{x(x_t)}$ を算出します。

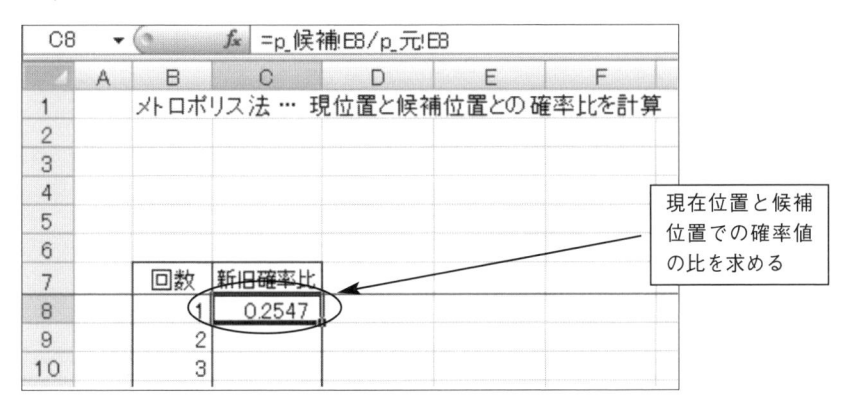

```
C8    fx  =p_候補!E8/p_元!E8
```

	A	B	C	D	E	F
1		メトロポリス法 … 現位置と候補位置との確率比を計算				
2						
3						
4						
5						
6						
7		回数	新旧確率比			
8		1	0.2547			
9		2				
10		3				

→ 現在位置と候補位置での確率値の比を求める

⑧サンプリングを実行する

「サンプリングワークシート」で、手順⑦で得た r の値により、現在位置に留まるか、候補位置に移動するか決めます。これがメトロポリス法の要です。すなわち、手順③で求めた現在位置での確率値と、手順⑥で求めた候補位置での確率値の比から、候補位置を新たにサンプリングするかどうかを決定します。候補位置での確率値が大きければ無条件に候補位置をサンプリングし、小さけ

ればその小ささに応じてサンプリングします。

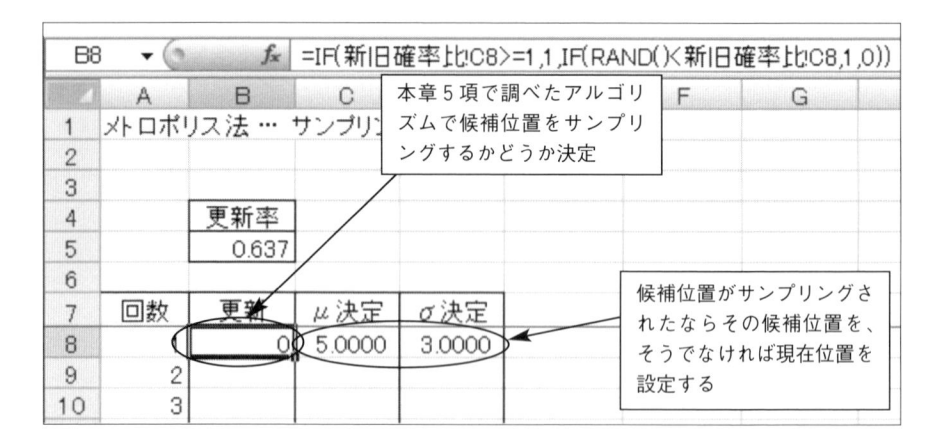

	A	B	C	D
				|B8 fx =IF(新旧確率比!C8>=1,1,IF(RAND()<新旧確率比!C8,1,0))
1	メトロポリス法 … サンプリング			
2				
3				
4		更新率		
5		0.637		
6				
7	回数	更新	μ決定	σ決定
8	1	0	5.0000	3.0000
9	2			
10	3			

本章5項で調べたアルゴリズムで候補位置をサンプリングするかどうか決定

候補位置がサンプリングされたならその候補位置を、そうでなければ現在位置を設定する

⑨確定した位置を新たに「元」ワークシートに登録する

手順⑧で決定したサンプリング位置を、手順②の「元」ワークシートの新たな行に設定します。

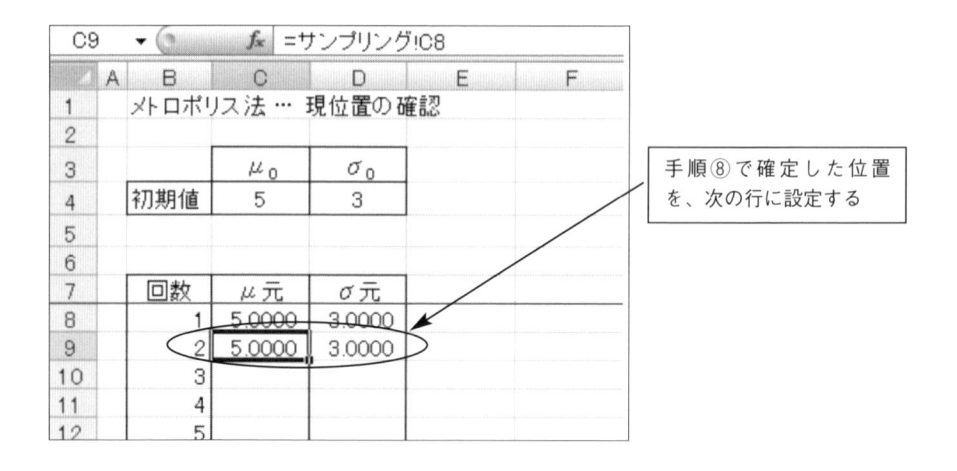

	A	B	C	D	E	F
				C9 fx =サンプリング!C8		
1		メトロポリス法 … 現位置の確認				
2						
3			$μ_0$	$σ_0$		
4		初期値	5	3		
5						
6						
7		回数	μ元	σ元		
8		1	5.0000	3.0000		
9		2	5.0000	3.0000		
10		3				
11		4				
12		5				

手順⑧で確定した位置を、次の行に設定する

⑩手順③〜⑨を繰り返し、求める個数のサンプルを得る

手順③〜⑨の操作(サンプリング)を目的の回数だけ繰り返します。

	A	B	C	D	E
1		メトロポリス法 … 現位置の確認			
2					
3			μ_0	σ_0	
4		初期値	5	3	
5					
6					
7		回数	μ元	σ元	
3000		2993	5.0640	2.4643	
3001		2994	5.0640	2.4643	
3002		2995	4.9856	2.0620	
3003		2996	4.9856	2.0620	
3004		2997	4.7658	1.8118	
3005		2998	4.7658	1.8118	
3006		2999	4.7658	1.8118	
3007		3000	4.7023	2.2131	
3008					

手順③〜⑨を目的の回数だけ繰り返す

⑪バーンインの部分をカット

初期のサンプルは、初期値の影響を受けるために、「バーンイン」部分として削除します。

以上で、事後確率のサンプルを、求めたい個数だけ得ることができます。

6章
階層ベイズ法もExcelで

本章では、ベイズ統計とMCMC法とがコラボレーションした階層ベイズ法を調べましょう。複雑なモデルをそのまま処理できる上、伝統的な統計学では経験できないベイズ統計の醍醐味があじわえます。

第 6 章

1 複雑な統計モデルに対応する階層ベイズ法

　単純な統計モデルでは扱えないデータに対しては、統計モデルを複雑にするしかありません。しかし、複雑にするとモデルを規定する母数の数が増えてしまい、伝統的な統計学では扱いにくいものになります。そこで、ベイズ統計を応用することで、その解決策が見出されます。

■具体的に調べてみよう

　次の学生の得点データを調べてみましょう。これは10点満点のテストに20人の学生がチャレンジしたときの得点結果です。

学生No	1	2	3	4	5	6	7	8	9	10
得点	1	0	10	4	10	10	10	6	4	10
学生No	11	12	13	14	15	16	17	18	19	20
得点	1	9	0	5	10	7	1	9	2	8

　テスト結果の人数分布表を作成し、それを図に示してみましょう。
　平均値は5.85となりますが、なぜか平均値の付近にデータが集まっていません。正規分布などを利用した単純な統計モデルでは説明できないことが一目瞭然です。平均や分散だけでデータを解明するといった、従来の単純な統計学では対処不可能なのです。
　このカオス的な散らばりの原因は、それぞれの学生の個性が大きいために起こると想像されます。平均値の付近に品よく分布する「個性の少ない」集団、すなわち正規分布に従うような集団ではないためです。このような個性が際立つデータを扱うには、たくさんの母数を駆使した複雑な統計モデルが必要にな

ります。

得点	人数
10	6
9	2
8	1
7	1
6	1
5	1
4	2
3	0
2	1
1	3
0	2
計	20

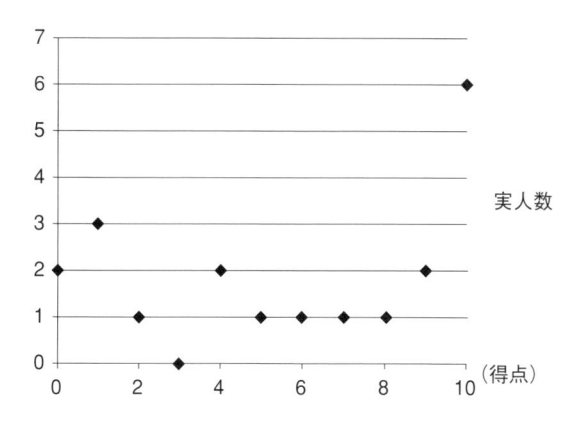

■階層ベイズモデルの考え方

　モデルはできるだけ単純なほうが理解しやすいでしょう。それを利用したのが伝統的な統計学です。たとえば、正規分布を仮定し、平均値と分散だけで統計モデルを決定しました。

　しかし、それぞれの個体の個性が豊かな場合、数個の母数（パラメータ）で統計モデルを記述することは不可能になります。そこで、逆の発想を取ります。まず母数をたくさん用意するのです。ただ、それではモデルが収束しないので、それら母数は事前分布でしばっておきます。

　ここでベイズの定理が活かされます。たくさん用意した母数を尤度にし、事前分布をそれに掛けて事後分布を得るのです。そして、この事後分布を用いてデータを分析します。これが**階層ベイズ法**のアイデアです。

階層ベイズ法のロケット

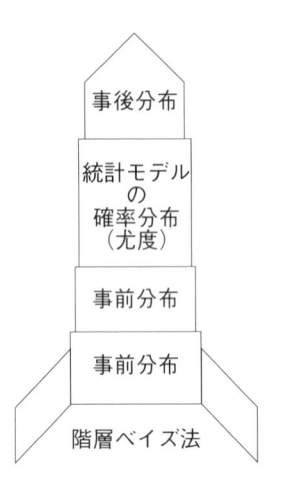

階層ベイズ法とは、統計モデルから得られる確率分布を尤度と考え、それに事前分布を付け足してベイズの定理を利用し、より精度の高い事後分布を求め、統計解析する手段である。それはあたかも事前分布を推進ロケットにして推進力(すなわちデータ分析力)を増すロケットのようなものである。

■階層ベイズモデルとハイパーパラメータ

具体的に式で調べてみましょう。統計モデルが確定し、母数θで表わされた尤度$f(D|\theta)$が確定したとします。ここで、Dはデータです。このとき、θについての何かしらの情報や経験知識αがあるとしましょう。それが確率分布$g(\theta|\alpha)$で表わされたとします。

ここで、αはθの分布を規定する母数です。すると、事後分布$\pi(\theta|D)$が「ベイズ統計の基本公式」から次のように求められます。

$$\pi(\theta|D) \propto f(D|\theta) g(\theta|\alpha) \quad \cdots (1)$$

この$\pi(\theta|D)$を利用してデータ分析をしようというのが、階層ベイズ法のスタンスです。

統計モデルを特徴づける母数θの分布$g(\theta|\alpha)$を規定する母数αを、「パラメータ(母数)を規定するパラメータ」ということで、**ハイパーパラメータ**と呼びます。ハイパーパラメータとは統計モデルを規定する母数についての事前の知識や信頼度を取り込む超パラメータなのです。

ベイズの定理は何段階も繰り返し使えます。これはベイズ更新とも呼ばれるものですが、その考え方は階層ベイズ法にそのまま利用できます。「ハイパーパラメータの、そのまたハイパーパラメータ」を考えることもできるのです。

　たとえば、(1)式のハイパーパラメータαが確率分布$h(\alpha|\beta)$に従っているとすると、(1)式はさらに次のように表現し直せます。

$$\pi(\theta|D) \propto f(D|\theta)g(\theta|\alpha)h(\alpha|\beta)$$

ハイパーパラメータαのハイパーパラメータがβになるのです。

　以上のようにして、複雑な統計モデルの母数を、何段階も確率分布の式に取り込むことができます。これが階層ベイズ法のすぐれた考え方なのです。

事後分布の中味
- 母数(パラメータ)で表わされた確率分布(尤度)
- 母数(パラメータ)の事前分布
- ハイパーパラメータの事前分布
- ハイパーパラメータのハイパーパラメータの事前分布
- …

階層ベイズ法は、ベイズの定理よりモデルを多層構造にしてデータ分析する。これが階層ベイズ法が「美味しい」理由である。

2 伝統的な最尤推定法で解いてみると

第6章

　従来の単純な統計学と階層ベイズ法との違いを見るために、ここでは伝統的な統計学の教科書風に、前項で取り上げた資料を分析してみましょう。資料は20人の学生についての10点満点のテスト結果です。

学生No	1	2	3	4	5	6	7	8	9	10
得点	1	0	10	4	10	10	10	6	4	10
学生No	11	12	13	14	15	16	17	18	19	20
得点	1	9	0	5	10	7	1	9	2	8

　この資料の平均値は5.85、分散は14.52（標準偏差は3.81）です。

■二項分布から対数尤度を算出する

　学生の持つ問題解決能力をqとしましょう。伝統的なモデルでは、この値を一定と考えます。すると、i番目の学生が10点中k点を取る確率p_iは、二項定理から次のように記述されます。

$$p_i = {}_{10}C_k q^k (1-q)^{10-k}$$

たとえば、学生Noが1、2、3、20で見ると、

$$p_1 = {}_{10}C_1 q(1-q)^9、p_2 = {}_{10}C_0(1-q)^{10}、p_3 = {}_{10}C_{10}q^{10}、p_{20} = {}_{10}C_8 q^8(1-q)^2$$

　したがって、この資料の得られる確率Pは、これらを掛け合わせることになります。

$$P = p_1 \times p_2 \times p_3 \times \cdots \times p_{20}$$
$$= {}_{10}C_1 q(1-q)^9 \times {}_{10}C_0(1-q)^{10} \times {}_{10}C_{10} q^{10} \times \cdots \times {}_{10}C_8 q^8(1-q)^2$$

■最尤推定法を実行

最尤推定法で、この確率Pが最大値となるqを求めてみます。

積の形をしているので、自然対数を取り、対数尤度をLと置きます（1章4項）。

$$L = \log {}_{10}C_1 q(1-q)^9 \times {}_{10}C_0(1-q)^{10} \times {}_{10}C_{10} q^{10} \times \cdots \times {}_{10}C_8 q^8(1-q)^2$$
$$= (1+0+10+\cdots+8)\log q + (9+10+0+\cdots+2)\log(1-q) + 定数$$

上の式の最初の（　）は総得点で、117点です。また、二つ目の（　）は全員満点の場合から総得点を引いた「総誤答点」で、$20 \times 10 - 117 = 83$ となります。

$$1 + 0 + 10 + \cdots + 8 = 117、9 + 10 + 0 + \cdots + 2 = 83$$

上の対数尤度Lの式に代入して、

$$L = 117\log q + 83\log(1-q) + 定数$$

このグラフを描いてみましょう。定数部分を無視して、次ページの図のようなグラフになります。このグラフより、$q = 0.585$ のとき、対数尤度Lは最大になることがわかります。

（注）Lの導関数 $L' = \dfrac{117}{q} - \dfrac{83}{1-q}$ より、この導関数が0となる値として $q = 0.585$ が得られます。

対数尤度のグラフ

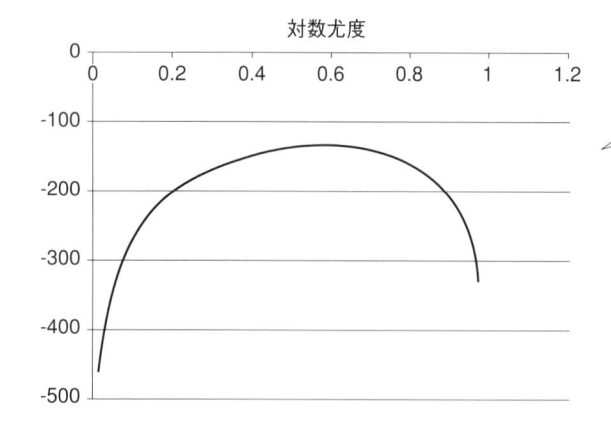

> $q = 0.585$ のときに対数尤度 L が最大になっている！

■計算値より実データの分散が大きくなる過分散現象

　学生の持つ問題解決能力 q の値がわかったので、これから平均値を求めてみましょう。計算値 $q = 0.585$ より二項分布の公式（1章3項）から、

$$\text{平均値} = 10 \times 0.585 = 5.85$$

となります。この結果は、資料から得られる平均値5.85とピッタリ一致しています。

　次に分散を計算で求めてみましょう。これも二項分布の公式（1章3項）から、

$$\text{分散} = 10 \times 0.585 \times (1 - 0.585) = 2.43$$

と算出できます。ところが、資料から得られる実際の分散は14.52です！　いま調べたモデルでは、実際の分散値を説明できないのです（このように分散がモデルで予想した値より大きいことを**過分散**といいます）。

　この過分散の原因は、個々のデータの個性をまったく無視し、同じ「問題解決能力」q を仮定したことにあります。

■人数分布を見てみると

過分散を確かめるために、実データの分布と、計算値から得られる人数分布を表にまとめ、グラフに示してみましょう。合致していないことが、グラフからも明白です。

得点	実人数	計算値
10	6	0.09
9	2	0.67
8	1	2.13
7	1	4.02
6	1	4.99
5	1	4.25
4	2	2.51
3	0	1.02
2	1	0.27
1	3	0.04
0	2	0.00
計	20	20

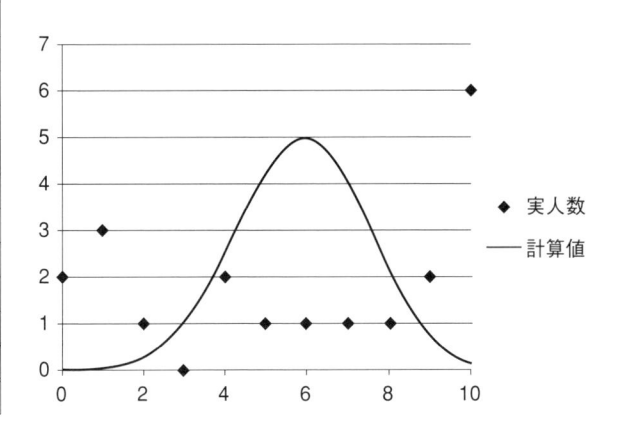

次項から、この不一致の原因である「それぞれのデータの個性」を、階層ベイズ法がどのように統計モデルに取り込むかを調べていきます。

3 階層ベイズ法でモデリング

第6章

階層ベイズ法を利用すると、資料を構成するそれぞれの個体の個性をしっかり取り入れることができます。

まず、ベイズ統計の基本公式を確認しておきます。

$$\text{事後分布} \propto \text{尤度} \times \text{事前分布} \quad \cdots(1)$$

利用するデータとしては、本章1、2項に示した次の資料を利用することにします。この資料は20人の学生についての10点満点のテスト結果です。

学生No	1	2	3	4	5	6	7	8	9	10
得点	1	0	10	4	10	10	10	6	4	10
学生No	11	12	13	14	15	16	17	18	19	20
得点	1	9	0	5	10	7	1	9	2	8

■母数を乱発

前項の統計モデルがこの資料分析に失敗した理由は、このデータを構成するそれぞれの個体の個性が強いからだと考えます。平均値や分散のように、わずか数個の母数では説明できないと考えるのです。

それならば逆に、それぞれの個体ごとに異なる個性を与えてみましょう。すなわち、20人の学生に、異なる問題解決能力を仮定するのです。

学生No	1	2	$\cdots$	i	$\cdots$	20
問題解決能力	q_1	q_2	$\cdots$	q_i	$\cdots$	q_{20}

すると、確率は次のようになります。たとえば、学生No1、2、3、20で見ると、学生の得点の確率は次のように表わされます。

$$p_1 = {}_{10}C_1 q_1 (1-q_1)^9、p_2 = {}_{10}C_0 (1-q_2)^{10}、p_3 = {}_{10}C_{10} q_3^{10}、p_{20} = {}_{10}C_8 q_{20}^8 (1-q_{20})^2$$

尤度は、これらの確率を全学生について掛け合わせて得られます。

$$尤度 p_1 \cdot p_2 \cdot p_3 \cdot \cdots \cdot p_{20}$$
$$= {}_{10}C_1 q_1 (1-q_1)^9 \cdot {}_{10}C_0 (1-q_2)^{10} \cdot {}_{10}C_{10} q_3^{10} \cdot \cdots \cdot {}_{10}C_8 q_{20}^8 (1-q_{20})^2 \quad \cdots (2)$$

■**統計モデルをつくる**

しかし、母数を乱発して数を増やしただけでは何の解決にもなりません。単に二項分布をそれぞれの個体に適用しただけです。統計データを分析するには必ず統計モデルが必要になります。ここで、各学生の問題解決能力 $q_i (i=1、2、\cdots、20)$ について、次のような統計モデルを採用します。

$$\log \frac{q_i}{1-q_i} = \beta + \gamma_i$$

これを**ロジットモデル**といいます。ここで、対数は自然対数です。

自然対数とは底が $e = 2.71828\cdots$ の $\log_e A$ のような対数のことです（これに対して、底が10の場合（$\log_{10} A$）を常用対数といいます）。

q_i について解いてみましょう。

$$q_i = \frac{1}{1+e^{-\beta-\gamma_i}} \quad \cdots (3)$$

β はすべての個体共通の母数（母集団の特徴を一つの数値に表わしたもの）であり、γ_i は各個体特有の母数です。この例題でいうと、β はテスト受験者の共通能力を表わす母数と解釈できます。そして、γ_i は各学生の個別の能力と考えられます。γ_i が大きくなると、問題解決能力 q_i の値は大きくなるのです。

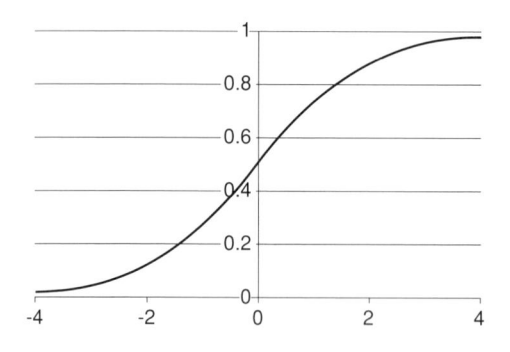

$y = \dfrac{1}{1+e^{-x}}$ のグラフ。成長曲線と呼ばれる曲線の一種である。(3)式はこのグラフをイメージとして持つ。

■ハイパーパラメータを仮定

個人の能力の分布は、当然ある種の分布に従うはずです。経験的に、これは正規分布と仮定してよいでしょう。したがって、学生の個別の能力γ_iの事前分布は次のように仮定できます。

$$\gamma_i \text{の事前分布}\quad \pi(\gamma_i|\sigma) = \frac{1}{\sqrt{2\pi}\,\sigma} e^{-\frac{\gamma_i^2}{2\sigma^2}} \quad \cdots (4)$$

学生の個別の能力の分散σ^2は「個人の能力」を表わす母数γ_iの分布の母数で、前項で調べた**ハイパーパラメータ**です。

このσ^2も、また何かしらの分布に従うはずです。したがって、ハイパーパラメータのハイパーパラメータを導入することも可能ですが、ここでは個体数が20と少ないので、そこまでは考えないことにします。すなわち、正の値を取る一様分布と考えることにします。

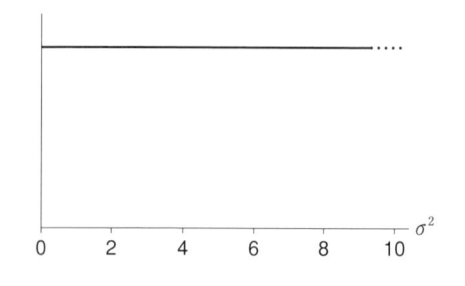

ハイパーパラメータσ^2の分布は一様分布と考える。

共通の能力を表わすβもある種の分布に従うと考えられます。γ_iの分布関数と同様、経験的に正規分布に従うと考えられます。

βの事前分布　$\pi(\beta|\sigma_\beta) = \dfrac{1}{\sqrt{2\pi}\,\sigma_\beta} e^{-\frac{\beta^2}{2\sigma_\beta^2}}$

σ_β^2は母数「共通能力」βの分布の母数で、(4)式のσ^2と同様に、**ハイパーパラメータ**です。

ここでは個体数が20と少なく、あまり未知のパラメータを増やすのは得策ではないので、次のようにσ_βを固定しましょう。

　　$\sigma_\beta = 10$

すなわち、βの事前分布として、次の分布を仮定します。

βの事前分布　$\pi(\beta) = \dfrac{1}{\sqrt{2\pi} \times 10} e^{-\frac{\beta^2}{200}}$　　…(5)

このとき、共通能力βの分布関数は、なだらかな釣鐘状のグラフとなります。

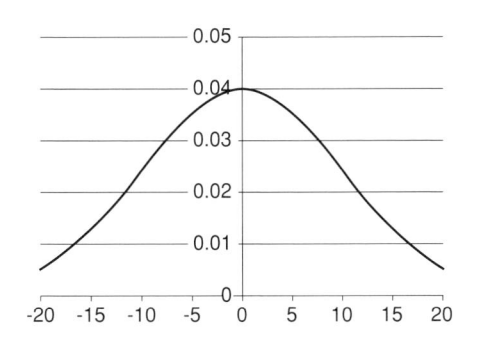

共通能力βの分布関数は、なだらかな釣鐘状になる。

ここまでのことをまとめてみましょう。(4)、(5)式から、事前分布の式は次のようになります。

$$\text{事前分布}\,\pi(\gamma_1, \gamma_2, \ldots, \gamma_{20}|\sigma)\pi(\beta)$$
$$= \dfrac{1}{\sqrt{2\pi}\,\sigma} e^{-\frac{\gamma_1^2}{2\sigma^2}} \cdot \dfrac{1}{\sqrt{2\pi}\,\sigma} e^{-\frac{\gamma_2^2}{2\sigma^2}} \cdots \dfrac{1}{\sqrt{2\pi}\,\sigma} e^{-\frac{\gamma_{20}^2}{2\sigma^2}} \cdot \dfrac{1}{\sqrt{2\pi} \times 10} e^{-\frac{\beta^2}{200}} \quad \cdots (6)$$

■事後分布を算出する

さあ、準備が整いました。尤度を表わす(2)式に事前分布を表わす(6)式を掛け合わせれば、ベイズ統計の基本公式(1)から、事後分布が得られます。

さて、この事後分布には22個の母数β、σ、γ_1、γ_2、…、γ_{20}が含まれています。そこで、事後分布のすべてをまとめて記述するのは複雑すぎるので、i番目の学生が成績x_iを取ったときの部分を抽出してみましょう。(2)、(6)式の積からその該当部分を抽出し$f(\beta,\sigma,\gamma_i|x_i)$と書くと、

$$f(\beta,\sigma,\gamma_i|x_i) = {}_{10}C_{x_i} q_i^{x_i}(1-q_i)^{10-x_i}\frac{1}{\sqrt{2\pi}\,\sigma}e^{-\frac{\gamma_i^2}{2\sigma^2}} \quad (q_i = \frac{1}{1+e^{-\beta-\gamma_i}}) \quad \cdots(7)$$

この(7)式をすべての学生について掛け合わせ、それに共通能力βの事前分布(5)式を掛けたものが、ベイズ統計の主役である事後分布になります。

事後分布
$$\propto f(\beta,\sigma,\gamma_1|x_1)f(\beta,\sigma,\gamma_2|x_2)\cdots f(\beta,\sigma,\gamma_{20}|x_{20})\frac{1}{\sqrt{2\pi}\times 10}e^{-\frac{\beta^2}{200}} \quad \cdots(8)$$

これが、ここでの統計モデルに対する階層ベイズ法の目標の式です。

■$f(\beta,\sigma,\gamma|x)$のグラフを見てみよう

ここで、事後分布(8)式を構成する複雑な(7)式を調べてみましょう。共通能力βを固定し、学生の個別の能力γの分布(7)式がどんなグラフかを調べるのです。すなわち、横軸をγとして、得点xが0、1、2、…、10について、次のグラフを描いてみます。

$$f(\beta,\sigma,\gamma|x) = {}_{10}C_x q^x(1-q)^{10-x}\frac{1}{\sqrt{2\pi}\,\sigma}e^{-\frac{r^2}{2\sigma^2}}$$

$$(q = \frac{1}{1+e^{-\beta-r}} 、x=0、1、2、…、10)$$

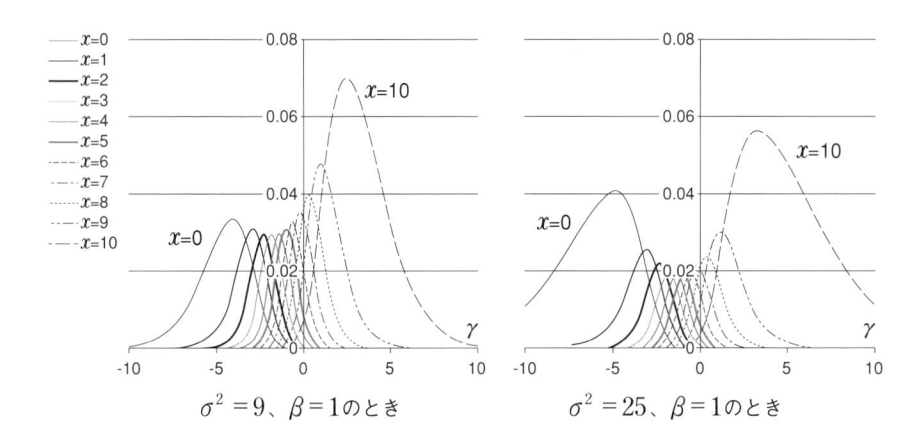

$\sigma^2 = 9$、$\beta = 1$ のとき　　　　　$\sigma^2 = 25$、$\beta = 1$ のとき

　高得点のグラフほど、学生の個別の能力γの分布が大きいほう(右方向)にピークを移動しています。

　二つの図からわかるように、学生の個人の能力γのばらつきを与える分散σ^2の値を変えると、分布のピークは大きく変化します。これらの積(8)式が事後分布です。したがって、それぞれのピークがデータにうまくマッチングするようにσ^2を決定し、それで個人能力γと共通能力βの分布も調べよう、というのがここでの階層ベイズのアルゴリズムです。

4 階層ベイズモデルを経験ベイズ法で解いてみよう

前項では、次のデータについて階層ベイズ法を利用した統計モデルを作成しました。

学生No	1	2	3	4	5	6	7	8	9	10
得点	1	0	10	4	10	10	10	6	4	10
学生No	11	12	13	14	15	16	17	18	19	20
得点	1	9	0	5	10	7	1	9	2	8

そして、i番目の学生が成績x_iを取る確率を次のように求めました。

$$f(\beta, \sigma, \gamma_i | x_i) = {}_{10}C_{x_i} q_i^{x_i} (1-q_i)^{10-x_i} \frac{1}{\sqrt{2\pi}\,\sigma} e^{-\frac{r_i^2}{2\sigma^2}} \quad (q_i = \frac{1}{1+e^{-\beta-\gamma_i}})$$

この式を全学生について掛け合わせ、共通能力βの事前分布を最後に掛けた式が事後分布です（前項の(8)式）。

事後分布

$$\propto f(\beta, \sigma, \gamma_1 | x_1) f(\beta, \sigma, \gamma_2 | x_2) \cdots f(\beta, \sigma, \gamma_{20} | x_{20}) \frac{1}{\sqrt{2\pi} \times 10} e^{-\frac{\beta^2}{200}} \quad \cdots (1)$$

すなわち、この(1)式が階層ベイズ法の主役の式です。

さて、問題はこの(1)式をどのように料理するかです。ここで、有名な料理法として**経験ベイズ法**を紹介しましょう。瑣末な母数については積分して式から消し、残った主要な母数の値を最尤推定法で決定する、という方法です。最尤推定法とベイズ推定を「足して2で割った」ような統計解析の方法です。

以下では、簡略化のためにβについて仮定した分布 $\dfrac{1}{\sqrt{2\pi}\times 10}e^{-\frac{\beta^2}{200}}$ を一様分布で近似しましょう。すると事後分布(1)式は次のようになります。

$$\text{事後分布} \propto f(\beta,\sigma,\gamma_1|x_1)f(\beta,\sigma,\gamma_2|x_2)\cdots f(\beta,\sigma,\gamma_{20}|x_{20}) \quad \cdots(2)$$

■細かい母数について積分

(1)式において、モデルを構成する主要な母数はσとβです。そこで、残りの母数である$\gamma_1, \gamma_2, \cdots, \gamma_{20}$について、積分してみましょう。

積分というとイメージがつかめないかもしれませんが、確率論的にいうと**周辺確率**（連続の変数のときには「周辺分布」といいます）を計算することを意味します。

周辺確率とは、1章でも調べましたが、複数の確率変数があるとき、一方の確率変数の値を固定して他方の確率変数についての和（連続のときには積分）を取ったものです（1章2項）。

たとえば、確率変数X、Yがあり、次の表のように分布が与えられているとしましょう。このとき、Xの周辺確率は表の右端に与えられたものです。

		Y				周辺確率
		y_1	y_2	y_3	y_4	
X	x_1	p_{11}	p_{12}	p_{13}	p_{14}	$p_{11}+p_{12}+p_{13}+p_{14}$
	x_2	p_{21}	p_{22}	p_{23}	p_{24}	$p_{21}+p_{22}+p_{23}+p_{24}$
	x_3	p_{31}	p_{32}	p_{33}	p_{34}	$p_{31}+p_{32}+p_{33}+p_{34}$

本章で調べる(2)式はこの例のように単純ではありませんが、この表のXに相当するものがσとβ、Yに相当するものが$\gamma_1, \gamma_2, \cdots, \gamma_{20}$と考えてよいでしょう。

では、実際に$\gamma_1, \gamma_2, \cdots, \gamma_{20}$で(2)式を積分してみましょう。

$$L(\beta,\sigma) = \iint \cdots \int (事後分布) d\gamma_1 d\gamma_2 \cdots d\gamma_{20}$$
$$\propto \int f(\beta,\sigma,\gamma_1|x_1) d\gamma_1 \int f(\beta,\sigma,\gamma_2|x_2) d\gamma_2 \cdots \int f(\beta,\sigma,\gamma_{20}|x_{20}) d\gamma_{20}$$

ここで、積分範囲は母数γ_iの取り得る値の範囲(すなわち$-\infty$から$+\infty$まで)です。

さて、全範囲で積分すると、その積分変数は式のなかから消えてしまいます。そこで、

$$\int f(\beta,\sigma,\gamma_1|x_1) d\gamma_1 = f(\beta,\sigma|x_1),\quad \int f(\beta,\sigma,\gamma_2|x_2) d\gamma_2 = f(\beta,\sigma|x_2)$$

などと表わすことにすると、$L(\beta,\sigma)$の積分は次のようになります。

$$L(\beta,\sigma) = f(\beta,\sigma|x_1) f(\beta,\sigma|x_2) \cdots f(\beta,\sigma|x_{20})$$

ところで、$x_1, x_2, \cdots, x_{20}$は学生の得点であり、0から10までの整数値を取ります。そして、同じ成績x_iならば、$f(\beta,\sigma|x_i)$は同じ形です。$L(\beta,\sigma)$のなかの同じ得点を取っている学生の項はまとめられるのです。

本項の最初に示した資料から、次の得点分布が得られます。

得点	0	1	2	3	4	5	6	7	8	9	10	計
人数	2	3	1	0	2	1	1	1	1	2	6	20

この得点の分布表から、$L(\beta,\sigma)$は次のようにまとめられます。

$$L(\beta,\sigma) = \{f(\beta,\sigma|0点)\}^2 \{f(\beta,\sigma|1点)\}^3 \{f(\beta,\sigma|2点)\} \cdots \{f(\beta,\sigma|10点)\}^6 \cdots (3)$$

■最尤推定してみよう

ようやく準備が整いました。この式をもとに、β,σを最尤推定してみます。

(3)式の$L(\beta,\sigma)$の形は積で構成されています。そこで、対数を取ったほうが計算が容易なので、自然対数を取ってみましょう(1章4項)。

$$\log L(\beta,\sigma) = 2\log f(\beta,\sigma|0点) + 3\log f(\beta,\sigma|1点) + \cdots + 6\log f(\beta,\sigma|10点)$$

$L(\beta,\sigma)$ の最大値を与える β,σ の値（最尤推定値）は、上の式の左辺の $\log L(\beta,\sigma)$ の最大値を与える β,σ の値と同じです。

では、実際に β,σ の最尤推定値を求めてみましょう。具体的な計算法は次項に回して、ここでは結果のみを表示します。

$$\beta = 0.86、\sigma = 3.08 \quad \cdots(4)$$

■期待得点分布を算出する

本項の最初で確認したように、$f(\beta,\sigma,\gamma|x)$ は個人能力 γ を有する学生が得点 x を取る確率で、階層ベイズ法から次のように仮定されています。

$$f(\beta,\sigma,\gamma|x) = {}_{10}C_x q^x (1-q)^{10-x} \frac{1}{\sqrt{2\pi}\sigma} e^{-\frac{\gamma^2}{2\sigma^2}} \quad (q = \frac{1}{1+e^{-\beta-\gamma}})$$

その γ についての積分（すなわち総和）、

$$f(\beta,\sigma|x) = \int f(\beta,\sigma,\gamma|x) d\gamma$$

は、(4)式のもとで学生が得点 x を取る確率となります。そこで、これに総人数（＝20人）を掛ければ、得点 x を取る期待人数が得られることになります。こうして、経験ベイズ法で予想する人数分布が得られます。

得点	0	1	2	3	4	5	6	7	8	9	10	和
実人数	2	3	1	0	2	1	1	1	1	2	6	20
期待数	2.7	1.5	1.2	1.0	1.0	1.0	1.0	1.2	1.5	2.3	5.6	20.0

予想人数分布を、実測値に重ねて表示してみましょう。よく実データを再現していることがわかります。

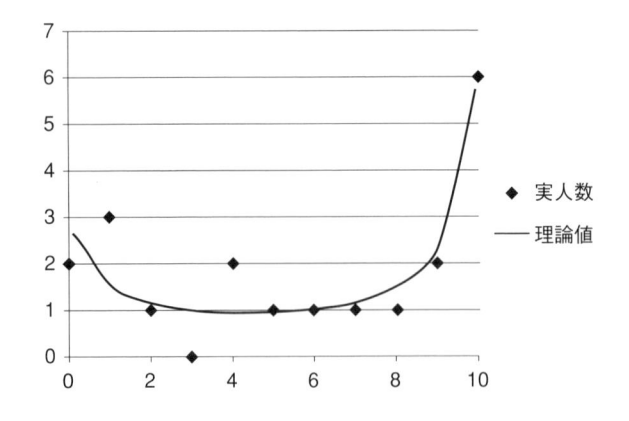

得点の人数分布。実データ（◆）を理論値がよく追尾している。

前ページの人数分布から、得点の平均値と分散を求めてみましょう。実データの平均値と分散をよく再現しています。経験ベイズ法が複雑なモデルの統計的分析に有効な手段であることが確かめられます。

	平均点	分散
実データ	5.9	14.5
計算結果	6.0	14.2

5 経験ベイズ法のための Excelシート解説

第6章

経験ベイズ法には積分という操作が入るので、Excelのワークシートでコンパクトに計算することはできません。それを除けば、最尤推定値を求めるための強力なツールである「ソルバー」がExcelで利用できるので、原理的にはとてもかんたんな計算となります。

①関数を埋め込む

目的とする母数 β、σ に適当な値をセットし(下図は、それぞれに1をセット)、必要な関数をすべて埋め込みます。すなわち、

$$f(\beta, \sigma, \gamma_i | x_i) = {}_{10}C_{x_i} q_i^{x_i}(1-q_i)^{10-x_i}\frac{1}{\sqrt{2\pi}\,\sigma}e^{-\frac{r_i^2}{2\sigma^2}} \quad \cdots(1)$$

$$f(\beta, \sigma | x_i) = \int f(\beta, \sigma, \gamma_i | x_i)\,d\gamma_i \quad \cdots(2)$$

$$\log L(\beta, \sigma) = 2\log f(\beta, \sigma | 0) + 3\log f(\beta, \sigma | 1) + \cdots + 6\log f(\beta, \sigma | 10) \quad \cdots(3)$$

を下図のようにセルに埋め込みます。

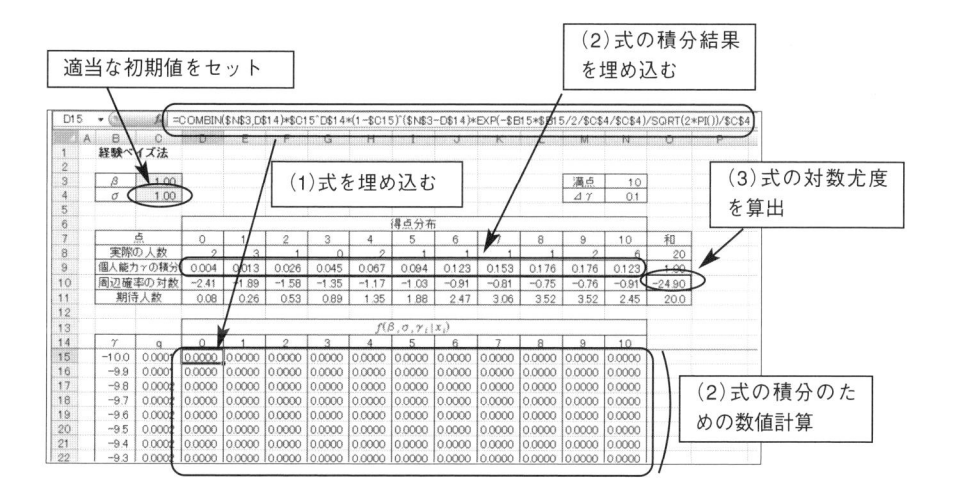

② (2)式の積分を実行する

　ここで利用している関数は特異な振る舞いをしないので、長方形近似で積分(2)式を実行しました（付録F）。

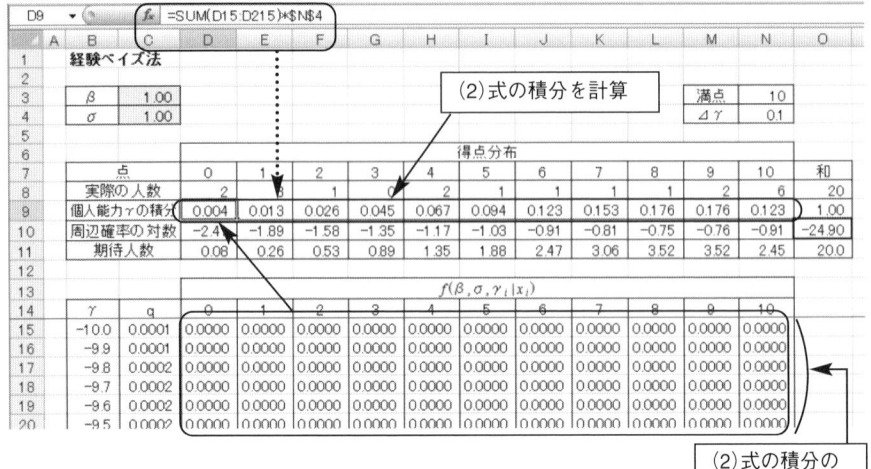

（上段スクリーンショット）
- D9セルの数式: =SUM(D15:D215)*$N$4
- (2)式の積分を計算
- (2)式の積分のための数値計算

③対数尤度(3)式を計算する

　(3)式の対数尤度を算出するために、(2)式の積分結果の対数を求め、その総和を計算します。

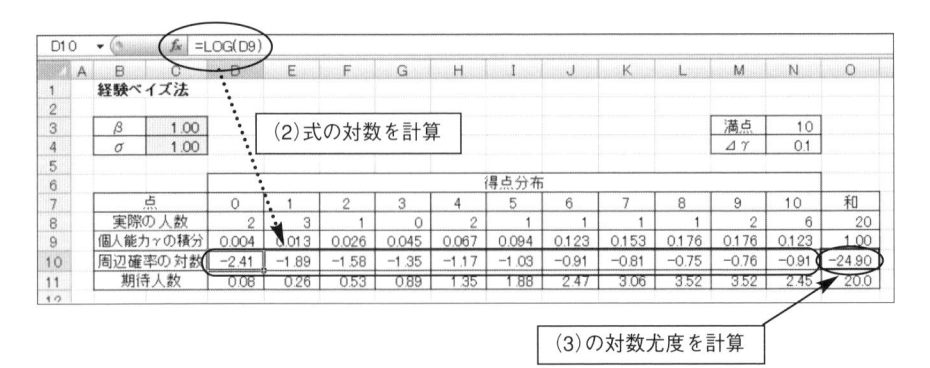

（下段スクリーンショット）
- D10セルの数式: =LOG(D9)
- (2)式の対数を計算
- (3)の対数尤度を計算

④最尤推定値を算出する

ここで、Excelの分析ツール「ソルバー」を利用します。対数尤度を求めたセル$O10$を最小にするようなβ、σ(セル$C3$、$C4$)の値を、Excelに探してもらうのです。

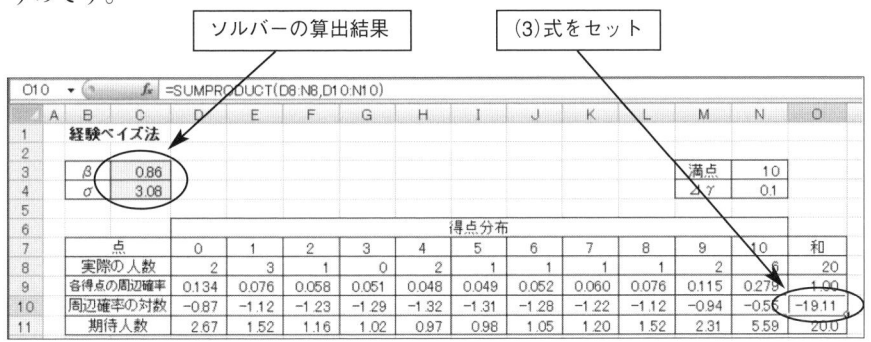

ソルバーの算出結果

(3)式をセット

	A	B	C	D	E	F	G	H	I	J	K	L	M	N	O
1		経験ベイズ法													
2															
3		β	0.86										満点	10	
4		σ	3.08										$\Delta\gamma$	0.1	
5															
6								得点分布							
7		点		0	1	2	3	4	5	6	7	8	9	10	和
8		実際の人数		2	3	1	0	2	1	1	1	1	2	6	20
9		各得点の周辺確率		0.134	0.076	0.058	0.051	0.048	0.049	0.052	0.060	0.076	0.115	0.279	1.00
10		周辺確率の対数		-0.87	-1.12	-1.23	-1.29	-1.32	-1.31	-1.28	-1.22	-1.12	-0.94	-0.55	-19.11
11		期待人数		2.67	1.52	1.16	1.02	0.97	0.98	1.05	1.20	1.52	2.31	5.59	20.0

ソルバーの実行結果から、最尤推定法で得られる最尤推定値は次の値であることがわかります。

$$\beta = 0.86、\sigma = 3.08 \qquad \cdots (4)$$

下図はこのワークシートについてのソルバーの設定例です。

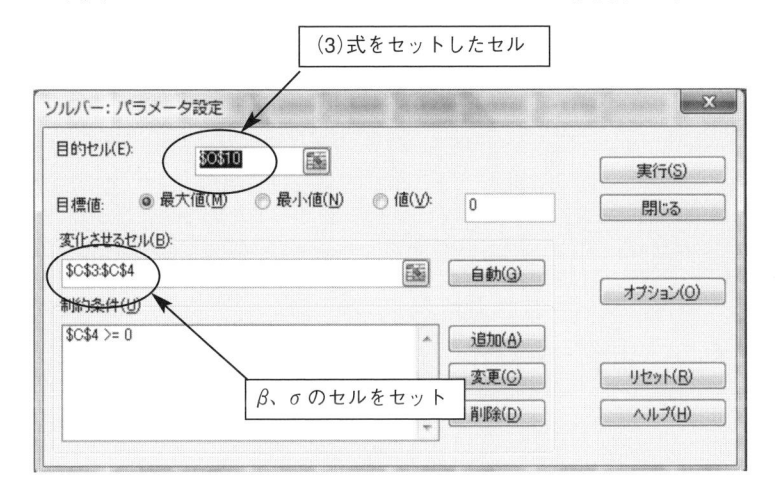

(3)式をセットしたセル

ソルバー: パラメータ設定

目的セル(E): $O$10

目標値: ● 最大値(M) ○ 最小値(N) ○ 値(V) 0

変化させるセル(B):
$C$3:$C$4   自動(G)

制約条件(U):
$C$4 >= 0   追加(A)
              変更(C)
              削除(D)

実行(S)
閉じる
オプション(O)
リセット(R)
ヘルプ(H)

β、σのセルをセット

⑤期待人数を算出する

(2)式は得点x_iを取る確率ですから、それに総人数を掛ければ、その得点の期待人数が得られます。

	A	B	C	D	E	F	G	H	I	J	K	L	M	N	O
1		経験ベイズ法													
2															
3		β	0.86										満点	10	
4		σ	3.08										Δγ	0.1	
5															
6								得点分布							
7		点		0	1	2	3	4	5	6	7	8	9	10	和
8		実際の人数		2	3	1	0	2	1	1	1	1	2	6	20
9		各得点の周辺確率		0.134	0.076	0.058	0.051	0.048	0.049	0.052	0.060	0.076	0.115	0.279	1.00
10		周辺確率の対数		-0.87	-1.12	-1.23	-1.29	-1.32	-1.31	-1.28	-1.22	-1.12	-0.94	-0.55	-19.11
11		期待人数		2.67	1.52	1.16	1.02	0.97	0.98	1.05	1.20	1.52	2.31	5.59	20.0

D11 セル: =$O$8*D9

周辺確率×総人数 が期待人数

MEMO

分析ツール「ソルバー」のインストール法

最尤推定値を求めるのに、Excelが用意した「ソルバー」を利用しています。

これらは「アドイン」と呼ばれ、Excelの初期状態では、通常は利用できません。インストール作業が必要になります。

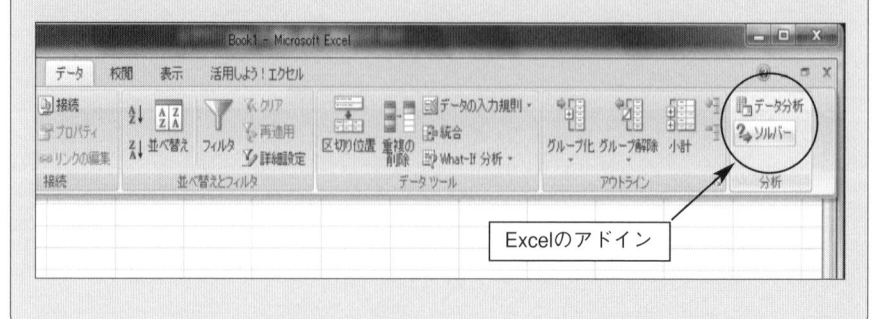

Excelのアドイン

6 階層ベイズモデルを MCMC法で解いてみよう

第6章

本章3項では、次のデータについて階層ベイズ法を利用した統計モデルを作成しました。

学生No	1	2	3	4	5	6	7	8	9	10
得点	1	0	10	4	10	10	10	6	4	10
学生No	11	12	13	14	15	16	17	18	19	20
得点	1	9	0	5	10	7	1	9	2	8

i番目の学生が成績x_iを取る確率分布を、個人能力γ_iと共通能力βを用いて次のように仮定したのです。

$$f(\beta, \sigma, \gamma_i | x_i) = {}_{10}C_{x_i} q_i^{x_i}(1-q_i)^{10-x_i} \frac{1}{\sqrt{2\pi}\sigma} e^{-\frac{\gamma_i^2}{2\sigma^2}} \qquad (q_i = \frac{1}{1+e^{-\beta-\gamma_i}})$$

この式をすべての学生について掛け合わせ、共通能力βの事前分布を最後に掛けて、目的の事後分布の式が得られました。

事後分布

$$= f(\beta, \sigma, \gamma_1 | x_1) f(\beta, \sigma, \gamma_2 | x_2) \cdots f(\beta, \sigma, \gamma_{20} | x_{20}) \frac{1}{\sqrt{2\pi} \times 10} e^{-\frac{\beta^2}{200}} \quad \cdots (1)$$

これが、ここで調べている階層ベイズ法の主役の式です。

本章4、5項では、この(1)式を**経験ベイズ法**と呼ばれる手法で料理しました。最尤推定法とベイズ統計の折衷案のような手法でした。本項では、階層ベイズ法の正攻法となるMCMC法を利用します。

MCMC法は与えられた分布関数に擬似する点列を効率よく求める手法です。ここでは、MCMC法のなかでも、Excelでかんたんに計算できるメトロポリス法を利用することにします。

（注）MCMC法の詳細については5章および付録G、Hを参照してください。

■メトロポリス法で計算する

5章でも調べたように、メトロポリス法は分布関数が複雑でも対応が容易です。また、Excelでかんたんに計算できます。(1)式は複雑な式ですが、そのままの形でメトロポリス法で対応できるのです。

Excelによる計算の詳細は次項に回すことにして、事後分布(1)式からサンプリングを行ない、得られた点列から母数の平均値を算出してみましょう。

ここでは、サンプリングを5000回行ないます。そのうち最初の1000回は捨て、残りの4000回を採用することにし、各母数の平均値を推定しました。

データNo	実データ	計算値			
		個別能力γ	共通能力β	得点率q	期待得点
1	1	-1.66	0.00	0.16	2
2	0	-2.54	0.00	0.07	1
3	10	4.68	0.00	0.99	10
4	4	-0.52	0.00	0.37	4
5	10	5.72	0.00	1.00	10
6	10	4.47	0.00	0.99	10
7	10	3.58	0.00	0.97	10
8	6	0.58	0.00	0.64	6
9	4	-0.40	0.00	0.40	4
10	10	3.53	0.00	0.97	10
11	1	-2.76	0.00	0.06	1
12	9	2.34	0.00	0.91	9
13	0	-3.15	0.00	0.04	0
14	5	0.26	0.00	0.56	6
15	10	2.83	0.00	0.94	9
16	7	0.65	0.00	0.66	7
17	1	-2.40	0.00	0.08	1
18	9	2.36	0.00	0.91	9
19	2	-1.89	0.00	0.13	1
20	8	1.62	0.00	0.83	8
平均	5.85	0.87	0.00	0.59	5.90
分散	14.53	7.20	0.00	0.14	13.59

得られた期待得点の平均と分散を抜き出してみましょう。実際のデータとよく一致していることが確かめられます。

	実データ	計算値
平均	5.85	5.90
分散	14.53	13.59

　下図は、得点分布を示しています。よく実データを追尾しています。

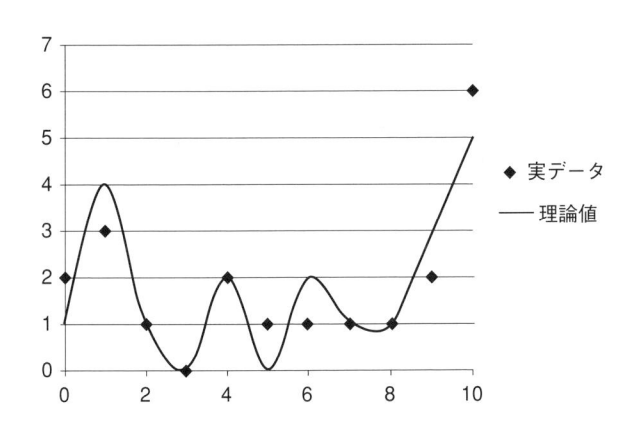

実データとメトロポリス法で得た理論値。横軸が得点、縦軸が人数を表わす。理論値はよく実データを追尾している。

■計算結果は常識的なものに

　実データ順に、先の計算結果を並べ替えてみましょう。個人能力γが大きい学生がよい点を取り、能力γが小さい学生が悪い点を取っている、という常識的な結果を表わしています。

データNo	実データ	計算値			
		個別能力γ	共通能力β	得点率q	期待得点
3	10	4.68	0.00	0.99	10
5	10	5.72	0.00	1.00	10
6	10	4.47	0.00	0.99	10
7	10	3.58	0.00	0.97	10
10	10	3.53	0.00	0.97	10
15	10	2.83	0.00	0.94	9
12	9	2.34	0.00	0.91	9
18	9	2.36	0.00	0.91	9
20	8	1.62	0.00	0.83	8
16	7	0.65	0.00	0.66	7
8	6	0.58	0.00	0.64	6
14	5	0.26	0.00	0.56	6
4	4	-0.52	0.00	0.37	4
9	4	-0.40	0.00	0.40	4
19	2	-1.89	0.00	0.13	1
1	1	-1.66	0.00	016	2
11	1	-2.76	0.00	0.06	1
17	1	-2.40	0.00	0.08	1
2	0	-2.54	0.00	0.07	1
13	0	-3.15	0.00	0.04	0

第6章

7 MCMC法のためのExcelシート解説

5章で解説したメトロポリス法を利用して前項の結果を算出したExcelのワークシートを紹介しましょう。

次の事後確率を表わす関数について、サンプリングすればよいわけです。

事後分布

$$= f(\beta, \sigma, \gamma_1 | x_1) f(\beta, \sigma, \gamma_2 | x_2) \cdots f(\beta, \sigma, \gamma_{20} | x_{20}) \frac{1}{\sqrt{2\pi} \times 10} e^{-\frac{\beta^2}{200}} \quad \cdots (1)$$

ここで、

$$f(\beta, \sigma, \gamma_i | x_i) = {}_{10}C_{x_i} q_i^{x_i} (1-q_i)^{10-x_i} \frac{1}{\sqrt{2\pi}\sigma} e^{-\frac{r_i^2}{2\sigma^2}} \quad (q_i = \frac{1}{1+e^{-\beta-\gamma_i}}) \quad \cdots (2)$$

となります。$x_1, x_2, \cdots, x_{20}$は番号1、2、…、20の学生の得点です。

■7枚のシートを用意する

Excelでメトロポリス法を実行するには、5章でも調べたように「元」「p_元」「ε」「候補」「p_候補」「新旧確率比」「サンプリング」と名付けられた7枚のシートを用意するのがよいでしょう。

2010							
2011							
2012							

データと計算結果 / 元 / p元 / ε / 候補 / p候補 / 新旧確率比 / サンプリング

（注）「データと計算結果」シートは、データと算出結果をまとめたもので、アルゴリズムとは関係ありません。

■次のステップを追う

　Excelでメトロポリス法を実現する方法は、どんなに複雑な分布に対しても同一です。5章のときと同様、その手順を追ってみましょう。

①初期値を設定する

　「元」ワークシートで、最初の「一歩」となる場所を指定します。これはマルコフチェーンの初期値を設定することに対応します。

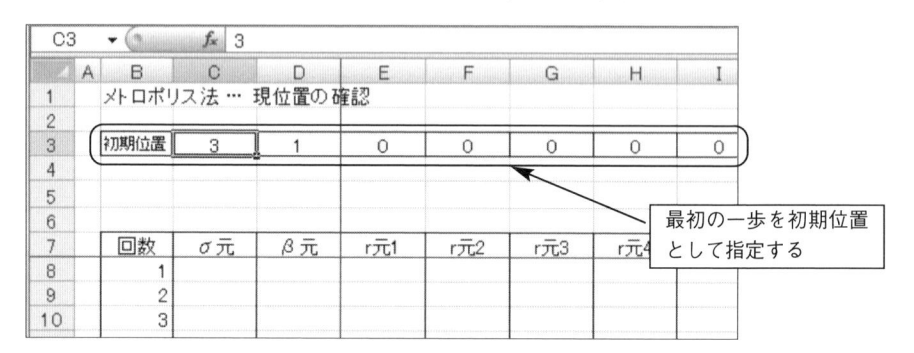

最初の一歩を初期位置として指定する

②現在位置の値を確定する

　「元」ワークシートで、現在位置を確定します。

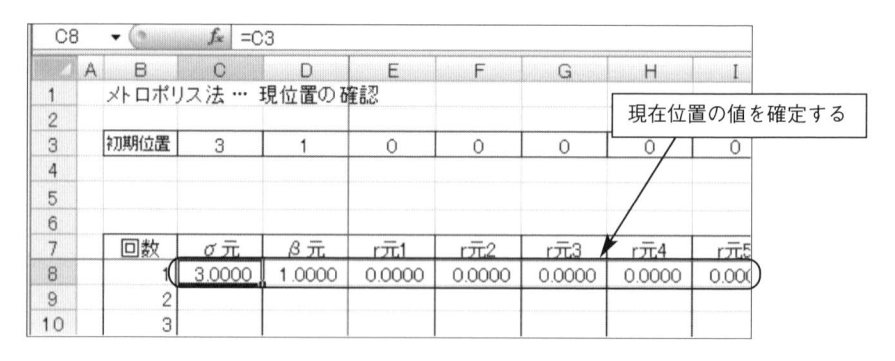

現在位置の値を確定する

③現在位置での確率を計算する

　「p_元」シートで、(2)式の $f(\beta, \sigma, \gamma_i | x_i)$ を算出します。計算の簡略化のた

めに、比例定数の部分は省いています。また、事後分布(1)式はあえて計算しません。(1)式を計算すると、コンピュータの計算に特有な「桁落ち」「まるめ誤差」の問題が発生するからです。

	A	B	C	D	E	F	G	H	I	J	K	L
	E8			fx	=(1+EXP(-$D8-元!E8))^(-E$3)*(1+EXP($D8+元!E8))^(-E$4)*EXP(-(元!E8^2)/C8)/ABS(元$C8)							
1		メトロポリス法 … 現位置の確率(確率密度)を計算										
2				データNo	1	2	3	4	5	6	7	8
3		満点n		k	1	0	10	4	10	10	10	6
4		10		n-k	9	10	0	6	0	0	0	4
5				$_nC_k$	10	1	1	210	1	1	1	210
6												
7		回数	$2\sigma^2$	β	p元1	p元2	p元3	p元4	p元5	p元6	p元7	p元8
8		1	18		1.79E-06	6.6E-07	0.014535	3.6E-05	0.014535	0.014535	0.014535	0.000266
9		2										
10												

(2)式を計算する

④次の一歩をランダムに確定する

「ε」ワークシートで、次の「一歩」を求めます。ここでは、正規乱数を利用して次の一歩を求めています。ランダムウォークするときの歩幅とその向きを求めたことに相当します。

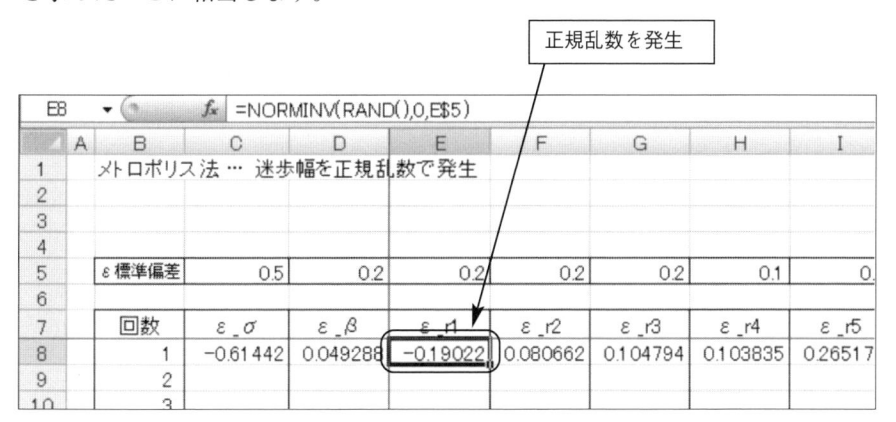

正規乱数を発生

	A	B	C	D	E	F	G	H	I
	E8			fx	=NORMINV(RAND(),0,E$5)				
1		メトロポリス法 … 迷歩幅を正規乱数で発生							
2									
3									
4									
5		ε標準偏差		0.5	0.2	0.2	0.2	0.2	0.1	0.
7		回数	ε_σ	ε_β	ε_r1	ε_r2	ε_r3	ε_r4	ε_r5
8		1	-0.61442	0.049288	-0.19022	0.080662	0.104794	0.103835	0.26517
9		2							
10		3							

⑤候補位置を確定する

「候補」ワークシートでは、手順②の元ワークシートの現在位置に、手順④

の「一歩」を加え、候補位置とします。次のステップの候補位置を「眺める」ことに相当します（次のステップに進むかどうかは、手順⑧で決めます）。

[表：メトロポリス法 … 候補位置の確定]
セルE8: =元!E8+ε!E8
次の候補位置を決める

回数	σ候補	β候補	r候補1	r候補2	r候補3	r候補4	r候補5
1	2.385581	1.049288	-0.19022	0.080662	0.104794	0.103835	0.2651
2							
3							

⑥候補位置での確率を計算する

「p_候補」ワークシートで、(2)式の $f(\beta, \sigma, \gamma_i | x_i)$ を算出します。計算の簡略化のために、比例定数の部分は省いています。ここでも手順③同様、事後分布(1)式はあえて計算しません。(1)式を計算すると、コンピュータの計算に特有な「桁落ち」「まるめ誤差」の問題が発生するからです。

[表：メトロポリス法 … 候補位置での確率(確率密度)を計算]
セルE8: =(1+EXP(-$D8-候補E8))^(-E$3)*(1+EXP($D8+候補E8))^(-E$4)*EXP(-(候補E8^2)/$C8)/ABS(候補$C8)

			データNo	1	2	3	4	5	6	7	8	9
満点n			k	1	0	10	4	10	10	10	6	
10			n-k	9	10	0	6	0	0	0	4	
			$_nC_k$	10	1	1	210	1	1	1	210	21
回数	2σ²		p候補1	p候補2	p候補3	p候補4	p候補5	p候補6	p候補7	p候補8	p候補9
1	11.382	1.0493	5.36E-06	3.16E-07	0.027014	2.67E-05	0.038585	0.013726	0.015529	0.000262	2.72E-
2											
3											

次の候補位置の確率(2)式を求める

⑦現在位置と候補位置での確率比rを計算する

「新旧確率比」ワークシートで、手順③と⑥で得た現在位置と候補位置での確率値の比を求めます。すなわち、5章5項で調べた確率比 $r = \dfrac{p(x')}{p(x_i)}$ を算出します。ただし、事後分布(1)式から直接求めるのではなく、まず(2)式で与え

られる関数の比 $\dfrac{f(\beta',\sigma',\gamma'_i|x'_i)}{f(\beta,\sigma,\gamma_i|x_i)}$ を計算し、最後に(1)式の確率比 r を算出します。ここで「'」を付けた値は手順⑥で求めた候補の値です。(1)式を直接算出せずに確率比 r を求めるのは、「桁落ち」「まるめ誤差」を小さくするためです。

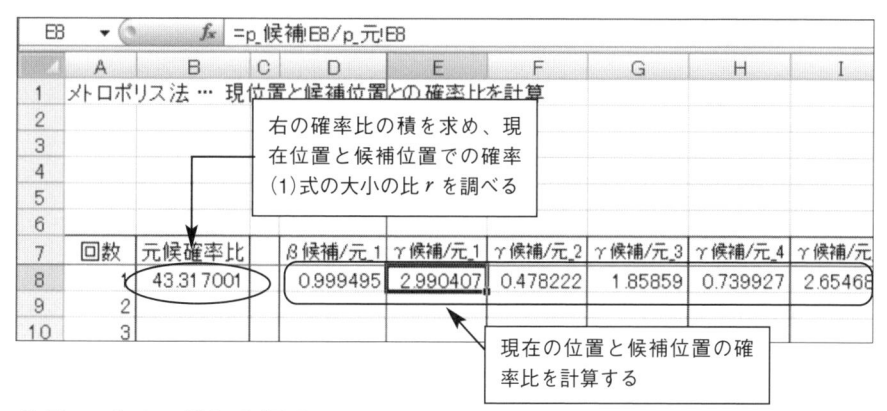

⑧サンプリングを実行する

手順⑦で得た確率比 r の値により、現在位置の値を採用するか、候補値を採用するか決めます。

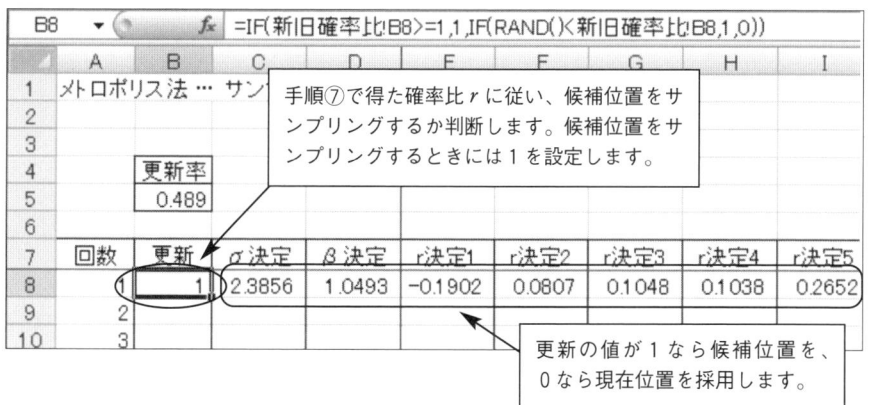

⑨手順②〜⑧を繰り返す

手順⑧で決定されたサンプリング値を手順②の次の行に設定し、目的の個数だけ、これまでの手順②〜⑧の操作(サンプリング)を繰り返します。すなわち、つくりたいサンプルの個数だけ、各ワークシートについて、目的の関数を

必要な行数分コピーします。そして、初期のサンプルは、バーンイン部分として無視します。

以上でメトロポリス法のためのワークシートが完成です。

MEMO 確率rで$x_{i+1}=x'$という論理を実現する方法

メトロポリス法では、次の論理で、候補位置x'をサンプリングするかどうかを決定します（5章5項）。

$$p(x') \geqq p(x_t) \quad \text{ならば} \quad x_{t+1} = x'$$

$$p(x') < p(x_t) \quad \text{ならば} \begin{cases} \text{確率} \quad r \quad \text{で} x_{t+1} = x' \\ \text{確率} 1-r \quad \text{で} x_{t+1} = x_t \end{cases}$$

さて、この枠の後半部

$$p(x') < p(x_t) \quad \text{ならば} \begin{cases} \text{確率} \quad r \quad \text{で} x_{t+1} = x' \\ \text{確率} 1-r \quad \text{で} x_{t+1} = x_t \end{cases}$$

を、どうやって実現するのでしょうか？

この論理をExcelで実現するのはかんたんです。それが手順⑧にあるワークシートで利用している関数の組み合わせです。

$$\text{IF}(\text{RAND}() < \text{ratio}, 1, 0) \quad \cdots (\text{i})$$

ここでratioは上記の枠のなかのrを格納しているセルのアドレスを表わします。RAND()は0から1までの一様分布の乱数を出力してくれます。

したがって、この関数(i)で、確率rで1が算出され、確率$1-r$で0が算出されることになるのです。こうして、0か1かで、候補位置x'をサンプリングするかどうかを決定できます。

付録

　この付録は、本文で書ききれなかった数式変形の詳細を提示するのが狙いです。本文では結論だけを示したために、「なぜこの結論が得られたのだろうか？」と疑問が生じた箇所があると思います。その疑問に答えることを目的とします。

付　録

A 統計分布のための Excel関数一覧

ベイズ統計でよく利用する分布とExcel関数との対応をまとめておきました。

分　布	Excelの関数	Excelの関数の意味
正規分布	NORMDIST	正規分布の確率密度関数の値、または累積分布関数の値を算出する。
	NORMINV	正規分布の累積密度関数の逆関数。正規乱数を発生できる。
標準正規分布	NORMSDIST	標準正規分布の累積分布関数の値を算出する。
	NORMSINV	標準正規分布の累積分布関数の逆関数。標準正規乱数を発生できる。
二項分布	BINOMDIST	二項分布の値を算出する。
ベータ分布	BETADIST	ベータ分布の確率密度関数の値、または累積分布関数の値を算出する。
	BETAINV	ベータ分布の累積分布関数の逆関数。ベータ分布の擬似乱数を発生できる。
ガンマ分布	GAMMADIST	ガンマ分布の確率密度関数の値、または累積分布関数の値を算出する。
	GAMMAINV	ガンマ分布の累積分布関数の逆関数。ガンマ分布の擬似乱数を発生できる。
ポアソン分布	POISSON	ポアソン分布の値を算出する。
指数分布	EXPONDIST	指数分布の値を算出する。
一様乱数の発生	RAND	0から1までの一様乱数を発生させる。

付　録

B 正規分布の自然な共役分布は正規分布である証明（分散既知）

　正規分布 $N(\mu, \sigma^2)$ に従うデータから得られる尤度に対して、σ が既知のとき、平均値 μ に関する「自然な共役分布」は正規分布になります（4章3項）。ここでは、それを一般的に証明してみましょう。

　正規分布に従う n 個のデータを x_1、x_2、…、x_n、その母数である平均値を μ とします。また、既知の分散を σ^2 で表わします。

■尤度を求める

　n 個のデータ x_1、x_2、…、x_n は平均値 μ、分散 σ^2 の正規分布に従うので、尤度 $f(D|\mu)$ は次のように与えられます。

$$f(D|\mu) = \frac{1}{\sqrt{2\pi}\,\sigma} e^{-\frac{(x_1-\mu)^2}{2\sigma^2}} \frac{1}{\sqrt{2\pi}\,\sigma} e^{-\frac{(x_2-\mu)^2}{2\sigma^2}} \cdots \frac{1}{\sqrt{2\pi}\,\sigma} e^{-\frac{(x_n-\mu)^2}{2\sigma^2}}$$

$$= \left(\frac{1}{\sqrt{2\pi}}\right)^n \left(\frac{1}{\sigma}\right)^n e^{-\frac{(x_1-\mu)^2 + (x_2-\mu)^2 + \cdots + (x_n-\mu)^2}{2\sigma^2}} \quad \cdots (1)$$

ここで、e の指数にある分数の分子に着目してみましょう。

$$\text{分子} = (x_1-\mu)^2 + (x_2-\mu)^2 + \cdots + (x_n-\mu)^2 \quad \cdots (2)$$

$$= n(\mu - \bar{x})^2 + Q \quad \cdots (3)$$

$\bar{x}$ はデータの平均値、Q はデータの変動（偏差平方和）を表わします。

$$\bar{x} = \frac{x_1 + x_2 + \cdots + x_n}{n}$$

$$Q = (x_1 - \bar{x})^2 + (x_2 - \bar{x})^2 + \cdots + (x_n - \bar{x})^2$$

（注）(2)式から(3)式への式変形については、本項末の＜メモ＞を参照してください。

(3)式を(1)式に代入し、σ、Qなどの定数部分は無視すると、尤度$f(D|\mu)$は、

$$\text{尤度}\quad f(D|\mu) \propto e^{-\frac{n(\bar{x}-\mu)}{2\sigma^2}} \quad \cdots(4)$$

■事前分布を設定

事前分布を設定してみましょう。正規分布の母数である平均値μの事前分布$\pi(\mu)$として、次の正規分布を採用してみます。ここでσ_0は定数です。

$$\text{事前分布}\quad \pi(\mu) = \frac{1}{\sqrt{2\pi}\,\sigma_0} e^{-\frac{(\mu-\mu_0)^2}{2\sigma_0^2}} \quad \cdots(5)$$

■事後分布を求める

(4)、(5)式をベイズ統計の基本公式(3章)

  事後分布 $\propto$ 尤度 × 事前分布

に代入すると、事後分布$\pi(\mu|D)$は定数部分を無視して、

$$\text{事後分布} \propto e^{-\frac{n(\bar{x}-\mu)}{2\sigma^2}} e^{-\frac{(\mu-\mu_0)^2}{2\sigma_0^2}} = e^{-\frac{n(\bar{x}-\mu)}{2\sigma^2}-\frac{(\mu-\mu_0)^2}{2\sigma_0^2}} \quad \cdots(6)$$

この式のeの肩に乗っている指数を調べてみましょう。

$$\begin{aligned}
(6)\text{式の指数} &= -\frac{n(\bar{x}-\mu)^2}{2\sigma^2} - \frac{(\mu-\mu_0)^2}{2\sigma_0^2} \\
&= -\frac{1}{2}\left\{\left(\frac{n}{\sigma^2}+\frac{1}{\sigma_0^2}\right)\mu^2 - 2\left(\frac{n\bar{x}}{\sigma^2}+\frac{\mu_0}{\sigma_0^2}\right)\mu\right\} + \{\mu\text{を含まない項}\} \\
&= -\frac{1}{2}\left(\frac{n}{\sigma^2}+\frac{1}{\sigma_0^2}\right)\left(\mu^2 - 2\frac{\frac{n\bar{x}}{\sigma^2}+\frac{\mu_0}{\sigma_0\tau^2}}{\frac{n}{\sigma^2}+\frac{1}{\sigma_0^2}}\right) + \{\mu\text{を含まない項}\} \\
&= -\frac{1}{2}\left(\frac{n}{\sigma^2}+\frac{1}{\sigma_0^2}\right)\left(\mu - \frac{\frac{n\bar{x}}{\sigma^2}+\frac{\mu_0}{\sigma_0^2}}{\frac{n}{\sigma^2}+\frac{1}{\sigma_0^2}}\right)^2 + \{\mu\text{を含まない項}\}
\end{aligned}$$

式をかんたんにするために、次のようにμ_1、σ_1^2を定義します。

$$\mu_1 = \frac{\frac{n\bar{x}}{\sigma^2} + \frac{\mu_0}{\sigma_0^2}}{\frac{n}{\sigma^2} + \frac{1}{\sigma_0^2}}, \quad \frac{1}{\sigma_1^2} = \frac{n}{\sigma^2} + \frac{1}{\sigma_0^2} \quad (\text{すなわち、}\sigma_1^2 = \frac{1}{\frac{n}{\sigma^2} + \frac{1}{\sigma_0^2}})$$

すると、(6)式は次のように簡略化されます。

$$\text{事後分布}\pi(\mu|D) \propto e^{-\frac{n(\bar{x}-\mu)}{2\sigma^2} - \frac{(\mu-\mu_0)^2}{2\sigma_0^2}} \propto e^{-\frac{(\mu-\mu_1)^2}{2\sigma_1^2}}$$

よって、事後分布$\pi(\mu|D)$は平均値μ_1、分散σ_1の正規分布であることがわかります。

$$\pi(\mu|D) = \frac{1}{\sqrt{2\pi}\,\sigma_1} e^{-\frac{(\mu-\mu_1)^2}{2\sigma_1^2}}$$

これが求めたい事後分布の形です。こうして、正規分布に従うデータから得られる尤度に対して、正規分布が自然な共役分布であることが確かめられました。

MEMO 統計計算でよく利用される「偏差の総和は0」

上の計算式のなかで、(2)式から(3)式の変形は次の理由によります。

$$\text{分子} = (x_1 - \mu)^2 + (x_2 - \mu)^2 + \cdots + (x_n - \mu)^2 \quad \cdots(2)$$

$$= (x_1 - \bar{x} + \bar{x} - \mu)^2 + (x_2 - \bar{x} + \bar{x} - \mu)^2 + \cdots + (x_n - \bar{x} + \bar{x} - \mu)^2$$

$$= n(\mu - \bar{x})^2 + (x_1 - \bar{x})^2 + (x_2 - \bar{x})^2 + \cdots + (x_n - \bar{x})^2$$

$$= n(\mu - \bar{x})^2 + Q \quad \cdots(3)$$

ここで、$x_1 + x_2 + \cdots + x_n = n\bar{x}$を利用しています。すなわち、偏差の総和は0、

$$(x_1 - \bar{x}) + (x_2 - \bar{x}) + \cdots + (x_n - \bar{x}) = 0$$

という性質が利用されるのです。

付録

C 正規分布の自然な共役分布は逆ガンマ分布である証明（分散未知）

　一般的に、正規分布に従うn個のデータx_1、x_2、…、x_nから得られる尤度に対して、その正規分布の母数である平均値μと分散σ^2の分布を調べてみましょう。正規分布に従うデータから得られる尤度に対して、分散に関する「自然な共役分布」は逆ガンマ分布になります（4章4項）。

■事前分布を仮定

　分散σ^2の事前分布として逆ガンマ分布$IG(\alpha, \lambda)$を採用します。この逆ガンマ分布$IG(\alpha, \lambda)$は次の分布関数$f(x)$で与えられます（1章4項、4章4項）。

$$f(x) = kx^{-\alpha-1}e^{-\frac{\lambda}{x}} \qquad (k\text{は定数、}\alpha\text{、}\lambda\text{は定数})$$

　すなわち、事前分布$\pi(\sigma^2)$として次の分布を採用するのです。

$$\sigma^2\text{の事前分布}\quad \pi(\sigma^2) \propto (\sigma^2)^{-\alpha-1}e^{-\frac{\lambda}{\sigma^2}} \quad \cdots(1)$$

ここで比例定数は無視しています。

　平均値μの事前分布としては、正規分布$N\left(\mu_0, \dfrac{\sigma^2}{m_0}\right)$を採用します。

$$\mu\text{の事前分布}\quad \pi(\mu|\sigma^2) = \frac{\sqrt{m_0}}{\sqrt{2\pi}\,\sigma}e^{-\frac{m_0(\mu-\mu_0)^2}{2\sigma^2}} \quad \cdots(2)$$

（注）定数m_0はμの事前分布の分散に自由度を与えるためのものです。こうすることで、得られる公式の形がきれいになります。ちなみに、母数μはσ^2の事前分布$\pi(\sigma^2)$に規制されることになります。

■尤度を求める

x_1、x_2、…、x_nからなるn個のデータDは、平均値をμ、分散をσ^2の正規分布に従うので、その尤度は次のように記述できます（付録B）。

$$\text{尤度} \quad f(D|\mu, \sigma^2) = \frac{1}{\sqrt{2\pi}\,\sigma} e^{-\frac{(x_1-\mu)^2}{2\sigma^2}} \frac{1}{\sqrt{2\pi}\,\sigma} e^{-\frac{(x_2-\mu)^2}{2\sigma^2}} \cdots \frac{1}{\sqrt{2\pi}\,\sigma} e^{-\frac{(x_n-\mu)^2}{2\sigma^2}}$$

$$= \left(\frac{1}{\sqrt{2\pi}}\right)^n \left(\frac{1}{\sigma}\right)^n e^{-\frac{Q+n(\mu-\bar{x})^2}{2\sigma^2}} \quad \cdots(3)$$

Qはデータの変動（偏差平方和）を、$\bar{x}$はn個のデータの平均値を表わします。

■事後分布を求める

事後分布$\pi(\mu, \sigma^2|D)$を求めてみましょう。ベイズ統計の基本公式

　　事後分布 $\propto$ 尤度 × 事前分布

に(1)～(3)式を代入します。

$$\text{事後分布} \propto f(D|\mu,\sigma^2) \ \pi(\mu|\sigma^2) \ \pi(\sigma^2)$$

$$\propto \left(\frac{1}{\sqrt{2\pi}}\right)^n \left(\frac{1}{\sigma}\right)^n e^{-\frac{Q+n(\mu-\bar{x})^2}{2\sigma^2}} \frac{\sqrt{m_0}}{\sqrt{2\pi}\,\sigma} e^{-\frac{m_0(\mu-\mu_0)^2}{2\sigma^2}} (\sigma^2)^{-\alpha-1} e^{-\frac{\lambda}{\sigma^2}}$$

$$\propto (\sigma^2)^{-\alpha-\frac{n}{2}-\frac{3}{2}} e^{-\frac{Q+n(\mu-\bar{x})^2+m_0(\mu-\mu_0)^2+2\lambda}{2\sigma^2}} \quad \cdots(4)$$

最後の式では、比例定数部分は無視しました。さて、ここでeの指数の分数にある分子を調べてみましょう。

$$
\begin{aligned}
\text{分子} &= Q + n(\mu - \bar{x})^2 + m_0(\mu - \mu_0)^2 + 2\lambda \\
&= Q + (m_0 + n)\mu^2 - 2(n\bar{x} + m_0\mu_0)\mu + n\bar{x}^2 + m_0\mu_0^2 + 2\lambda \\
&= Q + (m_0 + n)\left(\mu - \frac{n\bar{x} + m_0\mu_0}{m_0 + n}\right)^2 - \frac{(n\bar{x} + m_0\mu_0)^2}{m_0 + n} + n\bar{x}^2 + m_0\mu_0^2 + 2\lambda \\
&= Q + (m_0 + n)\left(\mu - \frac{n\bar{x} + m_0\mu_0}{m_0 + n}\right)^2 + \frac{m_0 n(\bar{x} - \mu_0)^2}{m_0 + n} + 2\lambda \quad \cdots(5)
\end{aligned}
$$

(5)式を(4)式に代入すると、事後分布 $\pi(\mu, \sigma^2 | D)$ が得られます。

$$
\text{事後分布} \propto (\sigma^2)^{-\alpha - \frac{n}{2} - \frac{3}{2}} e^{-\frac{Q + (m_0+n)(\mu - \mu_1)^2 + \frac{m_0 n}{m_0+n}(\bar{x} - \mu_0)^2 + 2\lambda}{2\sigma^2}} \quad \cdots(6)
$$

ここで、μ_1 は次のように定めます。

$$
\mu_1 = \frac{n\bar{x} + m_0\mu_0}{m_0 + n} \quad \cdots(7)
$$

■お化粧

ようやく計算が終了しました。しかし、結果の(6)式は見やすくありません。そこで、多くの文献では、次のような「お化粧」を施しています。まず、分散を σ^2 の事前分布のパラメータ α、λ を次のように置き換えます。

$$
\alpha = \frac{n_0}{2}, \quad \lambda = \frac{n_0 S_0}{2} \quad \cdots(8)
$$

すると、σ^2 の事前分布は逆ガンマ分布 $IG\left(\frac{n_0}{2}, \frac{n_0 S_0}{2}\right)$ と記述されます。
事後分布(6)式に着目してみましょう。(6)式に(8)式を代入して、

$$
\text{事後分布} \propto (\sigma^2)^{-\frac{n_0 + n + 1}{2} - 1} e^{-\frac{Q + (m_0+n)(\mu - \mu_1)^2 + \frac{m_0 n}{m_0+n}(\bar{x} - \mu_0)^2 + n_0 S_0}{2\sigma^2}} \quad \cdots(9)
$$

さらに、この(9)式を見ながら、m_1、n_1、S_1を次のように定義します。

$$m_1 = m_0 + n,\ n_1 = n_0 + n$$

$$n_1 S_1 = n_0 S_0 + Q + \frac{m_0 \mu_0}{m_0 + n}(\bar{x} - \mu_0)^2$$

すると、事後分布(9)式が次のようにとても見やすくなりました。

$$\text{事後分布} \propto (\sigma^2)^{-\frac{n_1+1}{2}-1} e^{-\frac{n_1 S_1 + m_1(\mu - \mu_1)^2}{2\sigma^2}} \quad \cdots (10)$$

この形から、分散σ^2に焦点を当てて見ると、事後分布は次の逆ガンマ分布になることがわかります。

$$IG\left(\frac{n_1+1}{2},\ \frac{n_1 S_1 + m_1(\mu - \mu_1)^2}{2}\right) \quad \cdots (11)$$

こうして、正規分布に従うデータから得られる尤度に対して、分散に関する「自然な共役分布」は逆ガンマ分布になることが確かめられたのです。

ちなみに、4章4項でも調べたように、平均値μに関しては、事後分布(10)式は正規分布の形をしています。正規分布するデータから得られる尤度に対して、その平均値μの自然な共役分布は正規分布であることが、ここでも確認できます。

D ポアソン分布の自然な共役分布はガンマ分布である証明

付　録

　ポアソン分布に従うn個のデータx_1、x_2、…、x_nから得られる尤度に対して、その分布の平均値に関する自然な共役分布はガンマ分布になります（4章5項）。

■事前分布を仮定

　事前分布$\pi(\theta)$としてガンマ分布$Ga(\alpha, \lambda)$を採用してみましょう。ガンマ分布$Ga(\alpha, \lambda)$の分布関数$Ga(\theta, \alpha, \lambda)$は次のように与えられます（1章4項）。

$$Ga(\theta, \alpha, \lambda) \propto \theta^{\alpha-1} e^{-\lambda\theta} \quad (0<\theta、0<\lambda) \quad \cdots(1)$$

そこで、事前分布$\pi(\theta)$を次のように仮定します。

$$\text{事前分布}\quad \pi(\theta) \propto \theta^{\alpha-1} e^{-\lambda\theta} \quad \cdots(2)$$

■尤度を求める

　ポアソン分布は平均値θを母数とする次の分布関数$f(x)$で与えられます。

$$f(x) = \frac{e^{-\theta}\theta^x}{x!} \quad (\text{ただし、}x\text{は}0、1、2、\cdots、\theta>0)$$

これから、n個のデータx_1、x_2、…、x_nの同時分布は次のように表わされます。

$$f(D|\theta) = \frac{e^{-\theta}\theta^{x_1}}{x_1!} \times \frac{e^{-\theta}\theta^{x_2}}{x_2!} \times \cdots \times \frac{e^{-\theta}\theta^{x_n}}{x_n!} \propto e^{-n\theta}\theta^{n\bar{x}} \quad \cdots(3)$$

ここで、D は n 個のデータ、$\bar{x}$ はそのデータの平均値です。

■事後分布を求めてみよう

事後分布 $\pi(\theta|D)$ を求めてみましょう。ベイズ統計の基本公式

　　　事後分布 $\propto$ 尤度 × 事前分布

に(2)、(3)式を代入します。

$$\text{事後分布}\quad \propto e^{-n\theta}\theta^{n\bar{x}} \times \theta^{\alpha-1}e^{-\lambda\theta} = \theta^{\alpha+n\bar{x}-1}e^{-(\lambda+n)\theta} \quad \cdots(4)$$

この事後分布を(1)式と見比べてみてください。事後分布はガンマ分布 $Ga(\alpha+n\bar{x},\ \lambda+n)$ に従っていることがわかります。ポアソン分布に従うデータから得られる尤度に対しては、ガンマ分布が自然な共役分布になっていることが確かめられました。

付録

E Excelによる擬似乱数の発生法

　MCMC法の一つであるギブス法では、条件付き事後分布から**擬似乱数**をサンプリングしなければなりません。ここで、有名な分布の擬似乱数のつくり方（すなわちサンプリング法）をまとめておきます。

■一様乱数のつくり方

　一様分布に従う擬似乱数を**一様乱数**といいます。この乱数を作成するには、次の関数を利用します。

　　　　　RAND

これは0から1までの一様乱数を発生させます。aからbまでの一様乱数は、次のワークシートのように発生させます。

	A	B
1	一様乱数	
2	最小値a	1
3	最大値b	5
4	No1	1.925674
5	No2	3.101325
6	No3	2.306643
7	No4	3.162792
8	No5	4.188253
9	No6	4.442306
10	No7	3.059086
11	No8	2.263397
12	No9	2.998254
13	No10	4.871642

B4: =($B$3-$B$2)*RAND()+$B$2

一様乱数をつくるワークシート。

　ちなみに、整数aから整数bまでの整数を一様にランダムに発生させるには、次の関数が便利です。

　　　　　RANDBETWEEN(a, b)

■正規分布に従うデータのつくり方

　正規分布に従う擬似乱数を**正規乱数**といいます。この乱数を作成するには、正規分布の累積密度関数の逆関数を与える次の関数を利用します。

$$\mathrm{NORMINV}(\mathrm{RAND}(), \mu, \sigma) \quad (\mu\text{は平均値、}\sigma\text{は標準偏差})$$

　下図は、これを実際に行なった例です。

	A	B	C	D	E
1	正規乱数				
2	平均値	1			
3	標準偏差	2			
4	No1	0.500614			
5	No2	0.037149			
6	No3	-4.47386			
7	No4	1.487292			
8	No5	1.803457			
9	No6	-0.99189			
10	No7	-1.29462			

B4 セル: =NORMINV(RAND(),$B$2,$B$3)

正規乱数をつくるワークシート。

■ガンマ分布に従うデータのつくり方

　Excelでは、ガンマ分布を次のように定義しています。

$$f(x, \alpha, \beta) = \frac{x^{\alpha-1} e^{-\frac{x}{\beta}}}{\Gamma(\alpha)\beta^{\alpha}} \quad \cdots (\mathrm{i})$$

　この分布の擬似乱数をつくるには、ガンマ分布の累積密度関数の逆関数を与える次の関数を利用します。

$$\mathrm{GAMMAINV}(\mathrm{RAND}(), \alpha, \beta)$$

　下図は、これを実際に行なった例です。

	A	B	C	D	E
1	ガンマ分布の擬似乱数				
2	α	1			
3	β	2			
4	No1	1.491298			
5	No2	1.882494			
6	No3	5.847475			
7	No4	1.823288			
8	No5	0.042996			
9	No6	0.943256			

B4 セル: =GAMMAINV(RAND(),$B$2,$B$3)

ガンマ分布に従う乱数をつくるワークシート。

なお、本書で定義したガンマ分布 $Ga(x,\alpha,\lambda) = \dfrac{\lambda^\alpha x^{\alpha-1} e^{-\lambda x}}{\Gamma(\alpha)}$ とパラメータ β の役割が異なることに注意してください。

■逆ガンマ分布に従うデータのつくり方

逆ガンマ分布 $IG(\alpha,\lambda)$ の確率密度関数 $IG(x,\alpha,\lambda)$ は次のように定義されています。

$$IG(x,\alpha,\lambda) = \frac{\lambda^\alpha x^{-\alpha-1} e^{-\frac{\lambda}{x}}}{\Gamma(\alpha)} \quad \cdots(\text{ii})$$

Excelには、逆ガンマ分布 $IG(\alpha,\lambda)$ のための関数はありません。そこで、ガンマ分布との関係を利用します。

逆ガンマ分布は次のように、定義でガンマ分布とつながっています。

ガンマ分布で変数 x を逆数 $\dfrac{1}{x}$ にしたときに同じ確率を与える確率分布

実際、この定義から(ii)式を導き出してみましょう。

ガンマ分布 $Ga(\alpha,\lambda)$ の確率密度関数を $Ga(x,\alpha,\lambda)$ とすると、逆ガンマ分布の定義から、微小区間 dx で次の関係が成立しなければなりません。

$$IG(x,\alpha,\lambda)\,dx = Ga\left(\frac{1}{x},\,\alpha,\,\lambda\right)\left|d\frac{1}{x}\right| \quad \cdots(\text{iii})$$

1章3項で定義したガンマ分布の関数に代入し、微分の性質を用いると、

$$Ga\left(\frac{1}{x},\,\alpha,\,\lambda\right) = \frac{\lambda^\alpha x^{-\alpha+1} e^{-\frac{\lambda}{x}}}{\Gamma(\alpha)},\quad \left|d\frac{1}{x}\right| = \frac{1}{x^2}dx$$

となります。これを(iii)式に代入し整理します。

$$IG(x,\alpha,\lambda) = \frac{\lambda^\alpha x^{-\alpha-1} e^{-\frac{\lambda}{x}}}{\Gamma(\alpha)}$$

こうして、逆ガンマ分布の定義式(ii)式が得られました。

ちなみに、Excelのガンマ分布の分布関数は次のように定義されています。

$$f(x, \alpha, \beta) = \frac{x^{\alpha-1} e^{-\frac{x}{\beta}}}{\Gamma(\alpha) \beta^\alpha}$$

そこで、Excelのガンマ分布の関数で、逆ガンマ分布に従う乱数を得るには、$\beta = \frac{1}{\lambda}$という変換が必要になります。

以上のことから、逆ガンマ分布に従う擬似乱数を得るには、次のように、**ガンマ分布に従う擬似乱数の逆数を取ればよい**のです。

=1/GAMMAINV(RAND(), α, 1/λ)

この性質を利用して作成したExcelワークシートが下図です。

	A	B
1	逆ガンマ分布の擬似乱数	
2	α	4
3	λ	3
4	No1	1.853711
5	No2	0.855333
6	No3	0.615613
7	No4	1.384657
8	No5	0.778131
9	No6	0.94359
10	No7	1.07844
11	No8	0.659419

B4: =1/GAMMAINV(RAND(),$B$2,1/$B$3)

逆ガンマ分布に従う乱数をつくるワークシート。

📝 MEMO　逆ガンマ分布の平均値と分散

逆ガンマ分布 $IG(\alpha, \lambda)$ の確率密度関数 $IG(x, \alpha, \lambda)$ は、多くの文献では次のように定義されています（本書もこの定義に従っています）。

$$IG(x, \alpha, \lambda) = \frac{\lambda^\alpha x^{-\alpha-1} e^{-\frac{\lambda}{x}}}{\Gamma(\alpha)} \quad \cdots (\text{ii})$$

これから平均値と分散が次のように得られます（1章3項）。

$$\text{平均値} = \frac{\lambda}{\alpha-1}, \quad \text{分散} = \frac{\lambda^2}{(\alpha-1)^2(\alpha-2)}$$

付　録

F Excelによる積分計算

　6章で示した経験ベイズ法では、周辺確率分布を求めるために、積分が必要です。長方形近似を利用すると、Excelはかんたんに積分計算をしてくれます。

　長方形近似とは、区分求積法ともいわれますが、積分を等幅の長方形の和で近似する方法です。

　右の図は、長方形近似のイメージを表わしています。積分 $\int_a^b f(x)\,dx$ は図で x 軸と関数 $y=f(x)$ $(0 \leqq f(x))$ のグラフとで囲まれた部分 $(a \leqq x \leqq b)$ の面積を表わします。それを短冊の長方形の面積の和で近似するのです。

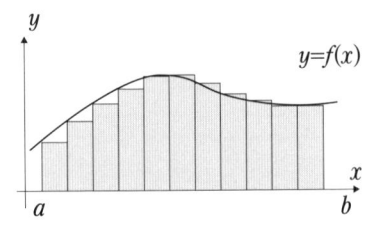

　この長方形近似のイメージを忠実に再現したのが、右図のExcelのワークシートです。

　標準正規分布 $f(x)$ で、$(0 \leqq x \leqq 2)$ の範囲の確率を求めています。こんなに単純でも、そこそこの近似値0.4944…を算出してくれます（ちなみに、正解は0.47725…です）。

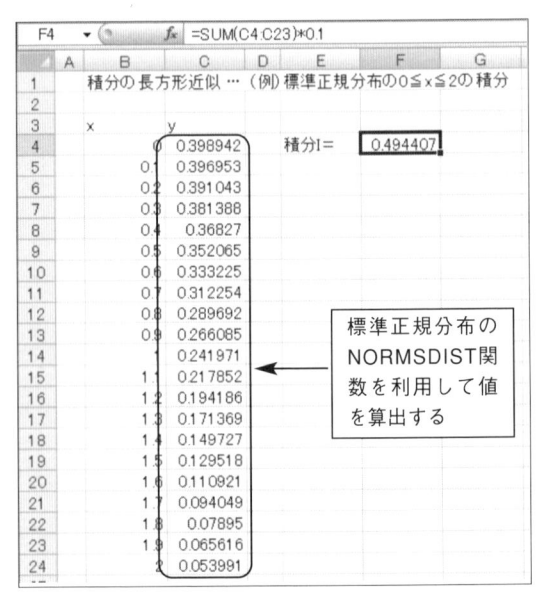

標準正規分布のNORMSDIST関数を利用して値を算出する

226

付　録

G モンテカルロ法による積分の一般公式

　定義域が$[a,b]$である確率密度関数を$p(\theta)$とします。このとき、関数$g(\theta)$の期待値$E[g(\theta)]$は次の式で定義されます。

$$E[g(\theta)] = \int_a^b g(\theta)p(\theta)d\theta \quad \cdots ①$$

　この①式の右辺の計算は$p(\theta)$や$g(\theta)$によっては困難なことが珍しくありません。しかし、①式の近似値でよければ乱数を利用した数値計算でかんたんに求める方法があります。それが**モンテカルロ法**による積分（**モンテカルロ積分**）と呼ばれるもので、原理は以下のようになります。

　確率密度関数が$p(\theta)$である確率分布に従うn個の乱数
　　　$\{\theta_1, \theta_2, \theta_3, \cdots, \theta_n\}$
を得たとします。のとき、次の関係が成立します。

$$\int_a^b g(\theta)p(\theta)d\theta \fallingdotseq \frac{1}{n}\sum_{i=1}^n g(\theta_i) \quad \cdots ②$$

　つまり、モンテカルロ法は②式の積分の和の値を右辺の値で近似するものです。

（注）②の厳密な意味はnが限りなく大きくなれば$\frac{1}{n}\sum_{i=1}^n g(\theta_i)$は$\int_a^b g(\theta)p(\theta)d\theta$に限りなく近づくということです。この正当性は「大数の法則」によります。

　②式と①式より、θの確率密度関数が$p(\theta)$であるとき関数$g(\theta)$の期待値$E[g(\theta)]$は次の式で計算されます。

$$E[g(\theta)] \fallingdotseq \frac{1}{n}\sum_{i=1}^{n}g(\theta_i) \quad \cdots ③$$

したがって、たとえば、確率分布$p(\theta)$に従う確率変数θの平均値mと分散σ^2は次のようになります。

$$m = E[\theta] \fallingdotseq \frac{1}{n}\sum_{i=1}^{n}\theta_i、\quad \sigma^2 = E\left[(\theta-m)^2\right] \fallingdotseq \frac{1}{n}\sum_{i=1}^{n}(\theta_i-m)^2$$

■ **モンテカルロ法の妥当性**

以下に、モンテカルロ法の積分②式の妥当性について調べてみましょう。

確率密度関数が$p(\theta)$である確率分布に従うn個の乱数を、

$$\{\theta_1, \theta_2, \theta_3, \cdots, \theta_n\}$$

とします。このn個のデータをたとえば8個の階級に分けて整理したところ、次のような度数分布表と相対度数分布グラフを得たものとします。

階　級	階級値	度数	相対度数
$a \sim a+\triangle\theta$	s_1	n_1	n_1/n
$a+\triangle\theta \sim a+2\triangle\theta$	s_2	n_2	n_2/n
$a+2\triangle\theta \sim a+3\triangle\theta$	s_3	n_3	n_3/n
$a+3\triangle\theta \sim a+4\triangle\theta$	s_4	n_4	n_4/n
$a+4\triangle\theta \sim a+5\triangle\theta$	s_5	n_5	n_5/n
$a+5\triangle\theta \sim a+6\triangle\theta$	s_6	n_6	n_6/n
$a+6\triangle\theta \sim a+7\triangle\theta$	s_7	n_7	n_7/n
$a+7\triangle\theta \sim b$	s_8	n_8	n_8/n
合計		n	1

ただし、$\triangle\theta = \dfrac{b-a}{8}$

このとき、積分（区分求積）の考え方を用いると次の式が成立します。

$$E[g(\theta)] = \int_a^b g(\theta)p(\theta)d\theta \fallingdotseq \underbrace{\sum_{i=1}^{8} g(s_i)p(s_i)\triangle\theta}_{\text{区分求積の考え方（付録F参照）}}$$

$= g(s_1)\underbrace{p(s_1)}_{\text{確率変数 }\theta\text{ が }s_1\text{ を取る確率}}\triangle\theta + g(s_2)p(s_2)\triangle\theta + g(s_3)p(s_3)\triangle\theta + \cdots + g(s_7)p(s_7)\triangle\theta + g(s_8)p(s_8)\triangle\theta$

$= g(s_1)\dfrac{n_1}{n} + g(s_2)\dfrac{n_2}{n} + g(s_3)\dfrac{n_3}{n} + \cdots + g(s_7)\dfrac{n_7}{n} + g(s_8)\dfrac{n_8}{n}$

$= \dfrac{g(s_1)+g(s_1)+\cdots+g(s_1)}{n} + \dfrac{g(s_2)+g(s_2)+\cdots+g(s_2)}{n} + \cdots + \dfrac{g(s_8)+g(s_8)+\cdots+g(s_8)}{n}$

$\fallingdotseq \dfrac{g(\theta_t)+g(\theta_k)+\cdots+g(\theta_f)}{n}$ ← $\theta_t, \theta_k, \cdots, \theta_f$ は階級 $[a,\ a+\triangle\theta]$ に分類される乱数

$\quad + \dfrac{g(\theta_v)+g(\theta_j)+\cdots+g(\theta_l)}{n}$ ← $\theta_v, \theta_j, \cdots, \theta_l$ は階級 $[a+\triangle\theta,\ a+2\triangle\theta]$ に分類される乱数

$\quad + \cdots\cdots$

$\quad + \dfrac{g(\theta_h)+g(\theta_q)+\cdots+g(\theta_w)}{n}$ ← $\theta_h, \theta_q, \cdots, \theta_w$ は階級 $[a+7\triangle\theta,\ b]$ に分類される乱数

$= \dfrac{g(\theta_t)+g(\theta_k)+\cdots+g(\theta_f)+g(\theta_v)+g(\theta_j)+\cdots+g(\theta_l)+\cdots\cdots+g(\theta_h)+g(\theta_q)+\cdots+g(\theta_w)}{n}$

$= \dfrac{g(\theta_1)+g(\theta_2)+g(\theta_3)+\cdots+g(\theta_{n-1})+g(\theta_n)}{n}$

$= \dfrac{1}{n}\sum_{i=1}^{n} g(\theta_i)$

確率密度関数 $p(\theta)$

$E[g(\theta)] = \int_a^b g(\theta)p(\theta)d\theta \fallingdotseq \dfrac{1}{n}\sum_{i=1}^{n}g(\theta_i)$

ただし $\{\theta_1,\ \theta_2,\ \theta_3,\ \cdots,\ \theta_n\}$ はこの分布に従う n 個の乱数

■Excelを利用して正規分布の平均値をモンテカルロ法で求める

　ここでは、平均値が50、分散が100の正規分布に従う100個の乱数をExcelで発生させ、下記の④、⑤式を計算し、その平均値mと分散σ^2がほぼ50と100になることを確かめてみます。

$$m = E[\theta] \fallingdotseq \frac{1}{n}\sum_{i=1}^{n}\theta_i \quad \cdots ④$$

$$\sigma^2 = E\left[(\theta-m)^2\right] \fallingdotseq \frac{1}{n}\sum_{i=1}^{n}(\theta_i-m)^2 \quad \cdots ⑤$$

　下図では平均値が49.65234、分散が100.2404になっています。

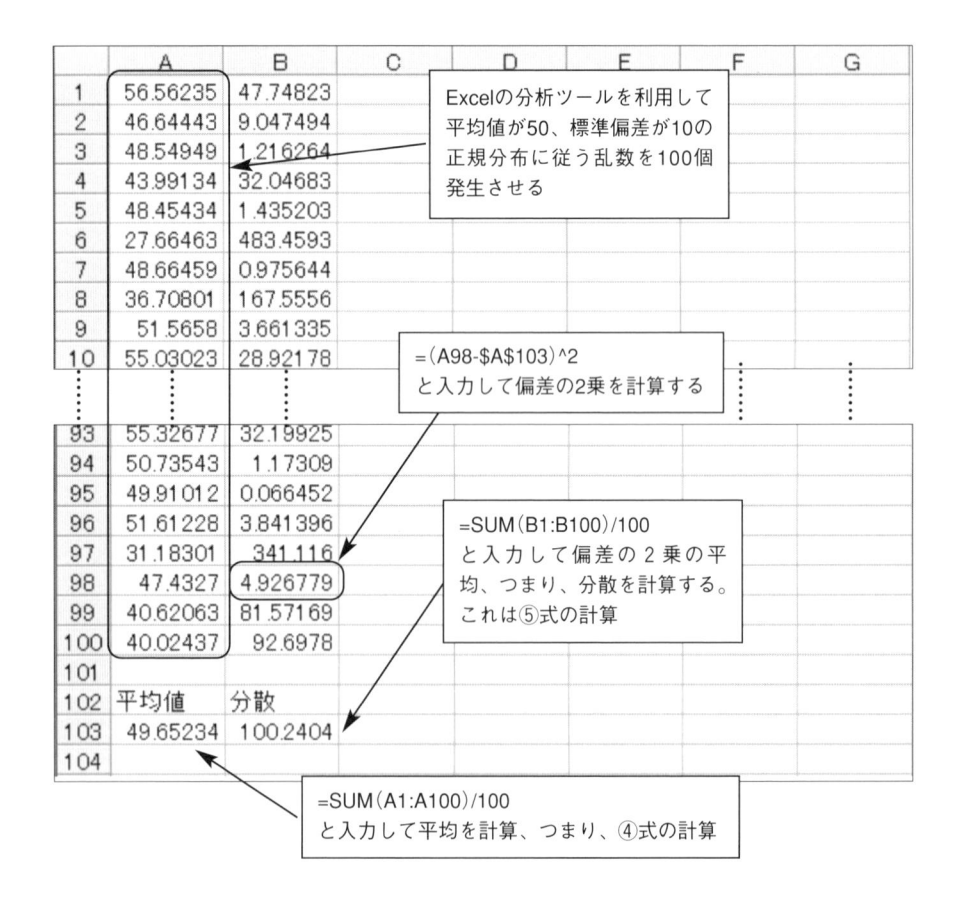

	A	B	C
1	56.56235	47.74823	
2	46.64443	9.047494	
3	48.54949	1.216264	
4	43.99134	32.04683	
5	48.45434	1.435203	
6	27.66463	483.4593	
7	48.66459	0.975644	
8	36.70801	167.5556	
9	51.5658	3.661335	
10	55.03023	28.92178	
⋮	⋮	⋮	
93	55.32677	32.19925	
94	50.73543	1.17309	
95	49.91012	0.066452	
96	51.61228	3.841396	
97	31.18301	341.116	
98	47.4327	4.926779	
99	40.62063	81.57169	
100	40.02437	92.6978	
101			
102	平均値	分散	
103	49.65234	100.2404	
104			

・Excelの分析ツールを利用して平均値が50、標準偏差が10の正規分布に従う乱数を100個発生させる

・=(A98-$A$103)^2　と入力して偏差の2乗を計算する

・=SUM(B1:B100)/100　と入力して偏差の2乗の平均、つまり、分散を計算する。これは⑤式の計算

・=SUM(A1:A100)/100　と入力して平均を計算、つまり、④式の計算

付 録

H マルコフ連鎖とMCMC法の一般論

　ベイズ統計では、事後分布をもとにした複雑な積分計算（多重積分など）が要求されることがあります。しかし、この種の計算は一般には大変です。正確に計算できないこともあれば、計算そのものが不可能なこともあります。

$$\int_{-\infty}^{\infty}\int_{-\infty}^{\infty}\int_{-\infty}^{\infty} g(\theta_1, \theta_2, \theta_3) p(\theta_1, \theta_2, \theta_3) d\theta_1 d\theta_2 d\theta_3$$

（ただし $p(\theta_1, \theta_2, \theta_3)$ は事後分布）

このような積分計算はコンピュータでも大変。

　そのため、ベイズ統計ではモンテカルロ積分（付録G）が効力を発揮します。なぜならば、モンテカルロ積分は和と積の計算をするだけなので通常の積分計算をしないで済むからです。

$$\frac{1}{n}\sum_{i=1}^{n} g\left(\theta_1^{(i)}, \theta_2^{(i)}, \theta_3^{(i)}\right)$$

（ただし $\left(\theta_1^{(i)}, \theta_2^{(i)}, \theta_3^{(i)}\right)$ $i = 1, 2, 3, \cdots, n$ は事後分布 $p(\theta_1, \theta_2, \theta_3)$ に従う乱数の組）

計算は足し算と掛け算だけだからコンピュータは得意だよ！

　複雑な積分計算にモンテカルロ積分が有効ですが、事後分布に従う乱数をそ

れぞれ独立に発生させる方法ではコンピュータにとっても負担が大きいのです。そこで、**マルコフ連鎖**というものを利用して効率よく事後分布に従う乱数を発生させることにします。

マルコフ連鎖とは直前の状態のみが次の状態に影響を与えるものです。つまり、状態が$w_1, w_2, \ldots, w_{t-2}, w_{t-1}, w_t, w_{t+1}, \ldots$と推移していくとき、$t$番目の状態$w_t$が直前の状態$w_{t-1}$のみに依存して決まるものです。

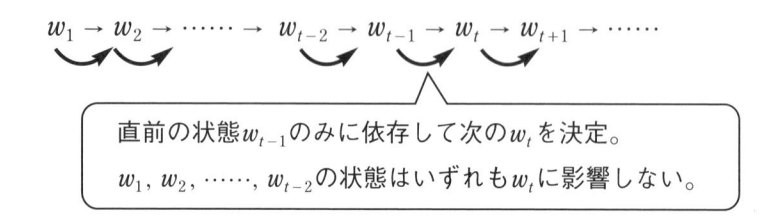

$$w_1 \to w_2 \to \cdots \to w_{t-2} \to w_{t-1} \to w_t \to w_{t+1} \to \cdots$$

直前の状態w_{t-1}のみに依存して次のw_tを決定。
$w_1, w_2, \ldots, w_{t-2}$の状態はいずれも$w_t$に影響しない。

マルコフ連鎖を点の動きにたとえると、未来の点の位置が現在の位置だけできまり、過去の位置とはまったく無関係であるといえます。また、時系列で捉えると、各時刻における状態は一つ手前の時刻における状態にのみ影響されるというものです。

したがって、マルコフ連鎖は現在が未来に影響するので独立ではありません。独立でないから現在発生した乱数をもとに、次にどんな乱数を発生させたら効率がいいのかを調整できるのです。ここにマルコフ連鎖の意義があります。

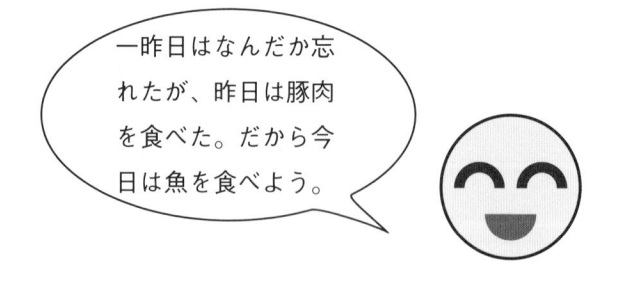

一昨日はなんだか忘れたが、昨日は豚肉を食べた。だから今日は魚を食べよう。

この調整の際に考慮するのが以下に説明する「**詳細釣り合い条件**」と「**エルゴート性**」です。マルコフ連鎖がこれらの性質を持つとき、目的の分布に合っ

た乱数を効率よく発生することができます。**MCMC**（Markov Chain Monte Carlo）**法**とは「詳細釣り合い条件」と「エルゴート性」を持たせたマルコフ連鎖を利用したモンテカルロ法による積分により、未知の母数を効率よく求める手法のことをいいます。

(1) 詳細釣り合い条件

確率分布 $p(\theta)$ とマルコフ連鎖 $w_1, w_2, \ldots, w_{t-2}, w_{t-1}, w_t, w_{t+1}, \ldots$ があり、次の条件を満たしているものとします。

「任意の t の値に対して
$$p(w_t)s(w_t \to w_{t+1}) = p(w_{t+1})s(w_{t+1} \to w_t)」 \quad \cdots ①$$

ただし、$s(w_t \to w_{t+1})$ は状態 w_t から状態 w_{t+1} に移動する確率、また、$s(w_{t+1} \to w_t)$ は状態 w_{t+1} から状態 w_t に移動する確率のことで**遷移確率**と呼ばれています。この条件①を「**詳細釣り合い条件**」といいます。

「詳細釣り合い条件」はMCMC法において重要です。なぜならば、この条件を満たすマルコフ連鎖、

$$w_1, w_2, \ldots, w_{t-2}, w_{t-1}, w_t, w_{t+1}, \ldots$$

は確率分布 $p(\theta)$ に従うからです。

この理由を考えてみましょう。

詳細釣り合い条件①を満たしているとき次の大小関係が成立します。

$$\underbrace{p(w_t)}_{大}\underbrace{s(w_t \to w_{t+1})}_{小} = \underbrace{p(w_{t+1})}_{小}\underbrace{s(w_{t+1} \to w_t)}_{大}$$

$$\underbrace{p(w_t)}_{小}\underbrace{s(w_t \to w_{t+1})}_{大} = \underbrace{p(w_{t+1})}_{大}\underbrace{s(w_{t+1} \to w_t)}_{小}$$

したがって現在の状態w_tから次の状態w_{t+1}に移るときに次のことがいえます。

（イ） $p(w_t) > p(w_{t+1})$であれば、w_tよりも起こる可能性の少ないw_{t+1}に移動する遷移確率$s(w_t \to w_{t+1})$は小さくなります。

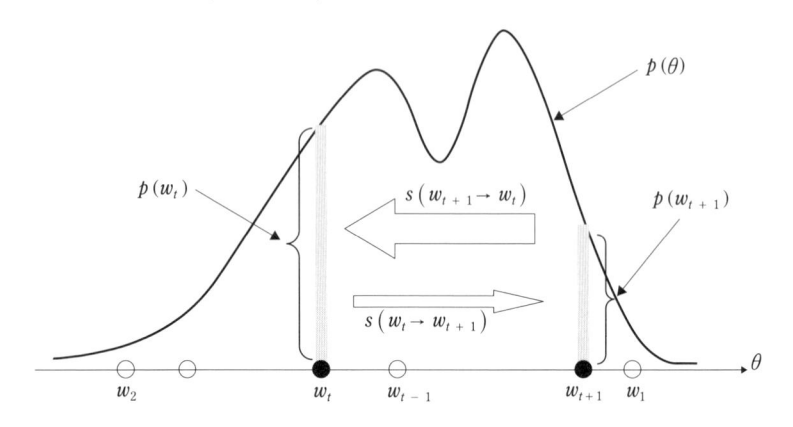

（ロ） $p(w_t) < p(w_{t+1})$であれば、w_tよりも起こる可能性の大きいw_{t+1}へ移動する遷移確率$s(w_t \to w_{t+1})$は大きくなり積極的に移動しようとします。

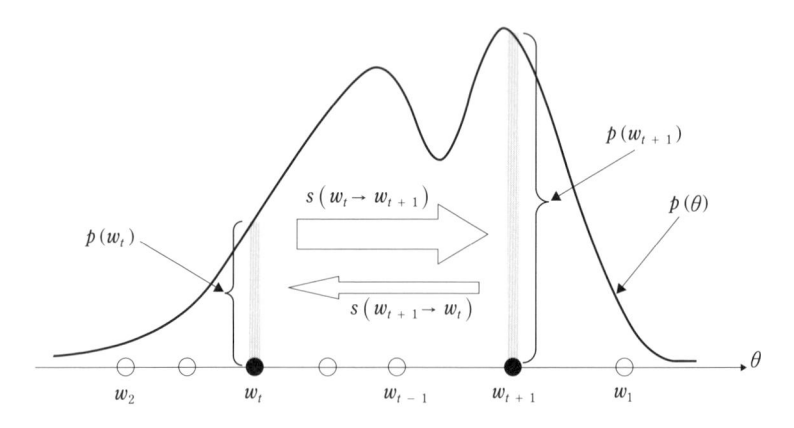

このため、状態w_tは確率分布$p(\theta)$の起こりやすいところに移動しやすくなり、$p(\theta)$の起こりにくいところに移動しにくくなっています。この結果、確

率分布 $p(\theta)$ に従うように、任意の t について状態 w_t での流入と流出が繰り返されることになります。

(2) エルゴート性

「任意の二つの状態 w と w' の間の遷移確率が有限個の 0 でない遷移確率の積で表わすことができる」という性質を「**エルゴート性**」といいます。つまり、有限回のステップで任意の二つの状態間を行き来できるという性質がエルゴート性なのです。

このエルゴート性は、つまり、どんなところにでも必ず辿り着けることを意味します。

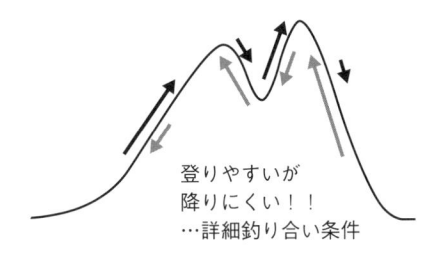

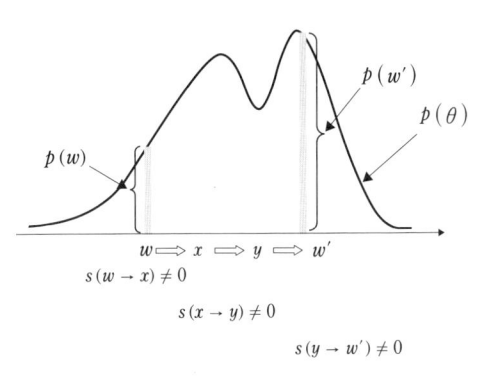

さくいん

あ

- 一様分布 ································ 33
- 一様乱数 ······························· 222
- 一様乱数の発生 ······················· 212
- MCMC法 ············ 18, 102, 140, 145, 201, 233
- エルゴート性 ·························· 232
- 親ノード ································ 68

か

- 階層ベイズ法 ······················ 18, 179
- 確率過程 ······························· 142
- 確率分布 ···························· 27, 30
- 確率分布表 ······························ 27
- 確率変数 ···························· 27, 30
- 確率密度関数 ··························· 29
- 過分散 ·································· 184
- ガンマ分布 ························· 35, 212
- 規格化の条件 ···················· 33, 37, 86
- 疑似乱数 ······························· 222
- 期待値 ···································· 28
- ギブス法 ································ 145
- 逆確率 ···································· 44
- 逆ガンマ分布 ······················ 36, 115
- 経験ベイズ法 ················ 40, 192, 201
- 原因の確率 ······························ 44
- 子ノード ································· 68

さ

- 最頻値（モード） ····················· 135
- 最尤推定値 ························· 39, 136
- 最尤推定法 ······························ 38
- 三囚人の問題 ··························· 59
- 試行 ······································· 22
- 事後確率 ···························· 44, 81
- 事後確率分布 ··························· 85
- 事後分布 ····························· 34, 85
- 事象 ······································· 22
- 指数分布 ······························· 212
- 事前確率 ························· 9, 11, 44, 81
- 事前確率分布 ··························· 85
- 自然な共役分布（自然共役な事前分布）
  ·············· 99, 102, 140, 213, 216, 220
- 事前分布 ····························· 13, 85
- 周辺確率 ···························· 24, 193
- 主観確率 ····························· 9, 11
- 条件付き確率 ······················· 24, 42
- 詳細釣り合い条件 ···················· 232
- 乗法定理 ···························· 26, 43
- 信念ネットワーク ····················· 67
- 信頼度 ···································· 69
- 酔歩 ······································ 140
- 正規分布 ···················· 15, 32, 212, 213
- 正規乱数 ······························· 223
- 遷移確率 ······························· 233

236

さくいん

た

- 対数尤度 ………………………………39
- 逐次合理性 ……………………………100
- 中央値（メジアン）……………………137
- 中心極限定理 …………………………33
- 同時確率 ………………………………23

な

- 二項分布 …………………………31, 212
- ノード …………………………………67

は

- バーンイン ……………………………146
- ハイパーパラメータ ……………180, 188
- 排反 ……………………………………48
- パラメータ …………………15, 30, 83
- 標準正規分布 …………………………212
- 標準偏差 ………………………………28
- ビリーフネットワーク ………………67
- 頻度主義 ………………………………15
- 分散 ………………………………15, 28
- 平均値 ……………………………15, 28
- ベイジアン（ベイズ論者）…………10, 15
- ベイジアンネットワーク（ベイズネットワーク）………………………………67
- ベイズ更新 …………………12, 93, 100
- ベイズ推定 ……………………94, 130
- ベイズテクノロジー ……………8, 20
- ベイズ統計の基本公式 ………………86
- ベイズの定理 ……………………8, 43
- ベイズファクター（ベイズ因子）………126
- ベイズフィルター（ベイジアンフィルター）………………………………63
- ベータ分布 ……………………34, 212
- ポアソン分布 ………………35, 212, 220
- 母数 ……………………………15, 30, 83

ま

- マルコフ条件 …………………………68
- マルコフチェーン・モンテカルロ法 ……140
- マルコフ連鎖 …………………68, 232
- メトロポリス・ヘイスティングス法 ……162
- メトロポリス法 …………………145, 160
- モンティホール問題 …………………61
- モンテカルロ積分 ………………227, 231
- モンテカルロ法 …………………141, 227

や

- 尤度 ………………………………31, 81
- 尤度関数 ………………………………38

ら

- ランダムウォーク ……………………140
- 理由不十分の原則 …………53, 80, 91, 97
- ロジットモデル ………………………187

ブックガイド

　初心者が読みやすいベイズ統計学の入門書はあまり見当たりません。そのなかで、次の文献は、駆け足ですが、ベイズ統計を要領よくまとめています。

『自然科学の統計学』東京大学教養学部統計学教室編（東京大学出版会）

　ベイズ理論の読み物としては、次の文献がおすすめです。社会現象でのベイズ理論の役割が分かります。

『行動経済学』友野典男著（光文社新書）

　ホームページには、ベイズ統計とその応用をわかりやすく解説しているものが散見されます。キーワード検索すると、参考になる知識が得られるでしょう。

　特に、MCMC法については、具体的な例を提示してくれている北海道大学の久保拓弥氏による次のページが優れています。

　http://hosho.ees.hokudai.ac.jp/~kubo/ce/FrontPage.html

　また、次のホームページは式の計算を最後まで示してくれているので、ベイズ統計をしっかり理解しようとするには便利です。

　http://www.omori.e.u-tokyo.ac.jp/MCMC/mcmc-ism04.pdf

　本書が初期の目的どおり、初心者に優しいベイズ統計の解説書の役割を果たせれば幸いです。

ファイルのダウンロードサービス

　本書、第5章と第6章で利用したExcelファイルを下記Webページからダウンロードできます。なお、利用に際しては、ファイルに添付した「利用の手引」の文書（README.txt）をご覧ください。

http://www.njg.co.jp/c/4647/4647_bayes.html

涌井良幸（わくい　よしゆき）

1950年、東京都生まれ。東京教育大学(現・筑波大学)数学科を卒業後、高等学校の教職に就く。現在はコンピュータを活用した教育法や統計学の研究を行っている。

共著として『図解でわかる共分散構造分析』『図解でわかる多変量解析』『図解でわかる回帰分析』『図解でわかる統計解析用語辞典』『ゼロからのサイエンス　多変量解析がわかった！』（以上、日本実業出版社）、『困ったときのパソコン文字解決字典』『ピタリとわかる統計解析のための数学』（以上、誠文堂新光社）『パソコンで学ぶ数学実験』（講談社ブルーバックス）、『大学入試の「抜け道」数学』（学生社）ほか、著書多数。

道具としての　ベイズ統計

2009年11月20日　初版発行
2025年5月10日　第11刷発行

著　者　　涌井良幸　©Y.Wakui 2009
発行者　　杉本淳一

発行所　株式会社日本実業出版社　東京都新宿区市谷本村町3-29 〒162-0845
　　　　編集部　☎03-3268-5651
　　　　営業部　☎03-3268-5161　振替　00170-1-25349
　　　　　　　　　　　　　　　　https://www.njg.co.jp/

印刷／壮光舎　　製本／若林製本

この本の内容についてのお問合せは、書面かFAX (03-3268-0832)にてお願い致します。
落丁・乱丁本は、送料小社負担にて、お取り替え致します。

ISBN 978-4-534-04647-5　Printed in JAPAN

日本実業出版社の本

Excelでスッキリわかる
ベイズ統計入門

涌井良幸・涌井貞美
定価 本体 2200円（税別）

数学が苦手な人や統計学を初めて学ぶ人でも安心！「ベイズ統計」の基礎から応用を、身近な例題をもとにExcelを使ってわかりやすく解説。視覚的に学べてより理解しやすいベイズ統計の入門書。

中学数学でわかる統計の授業

涌井良幸・涌井貞美
定価 本体 1800円（税別）

いまやビジネスマンにとって「統計学」は必須の知識。本書は、統計学の基本的な考え方について、中学レベルの数学知識でマスターできるように、"授業形式"でイチからやさしく解説！

ゼロからのサイエンス
多変量解析がわかった！

涌井　良幸
定価 本体 1600円（税別）

統計・データの山から宝を見つけ出す魔法の道具・多変量解析。マーケティング、生産管理など、さまざまに活用できる高度な統計手法を数式や専門用語をできるだけ使わずに、グラフィカルに解説！

「それ、根拠あるの？」と言わせない
データ・統計分析ができる本

柏木吉基
定価 本体 1600円（税別）

初めて事業プランをつくる新人が、データ集めから、リスクや収益性の見積り、プレゼン資料を作成するまでのストーリーを通して、仕事でデータ・統計分析を使いこなす方法を実践的に紹介！

定価変更の場合はご了承ください。